智能完井技术概论

王金龙 张 冰 汪跃龙 王樱茹 / 编著

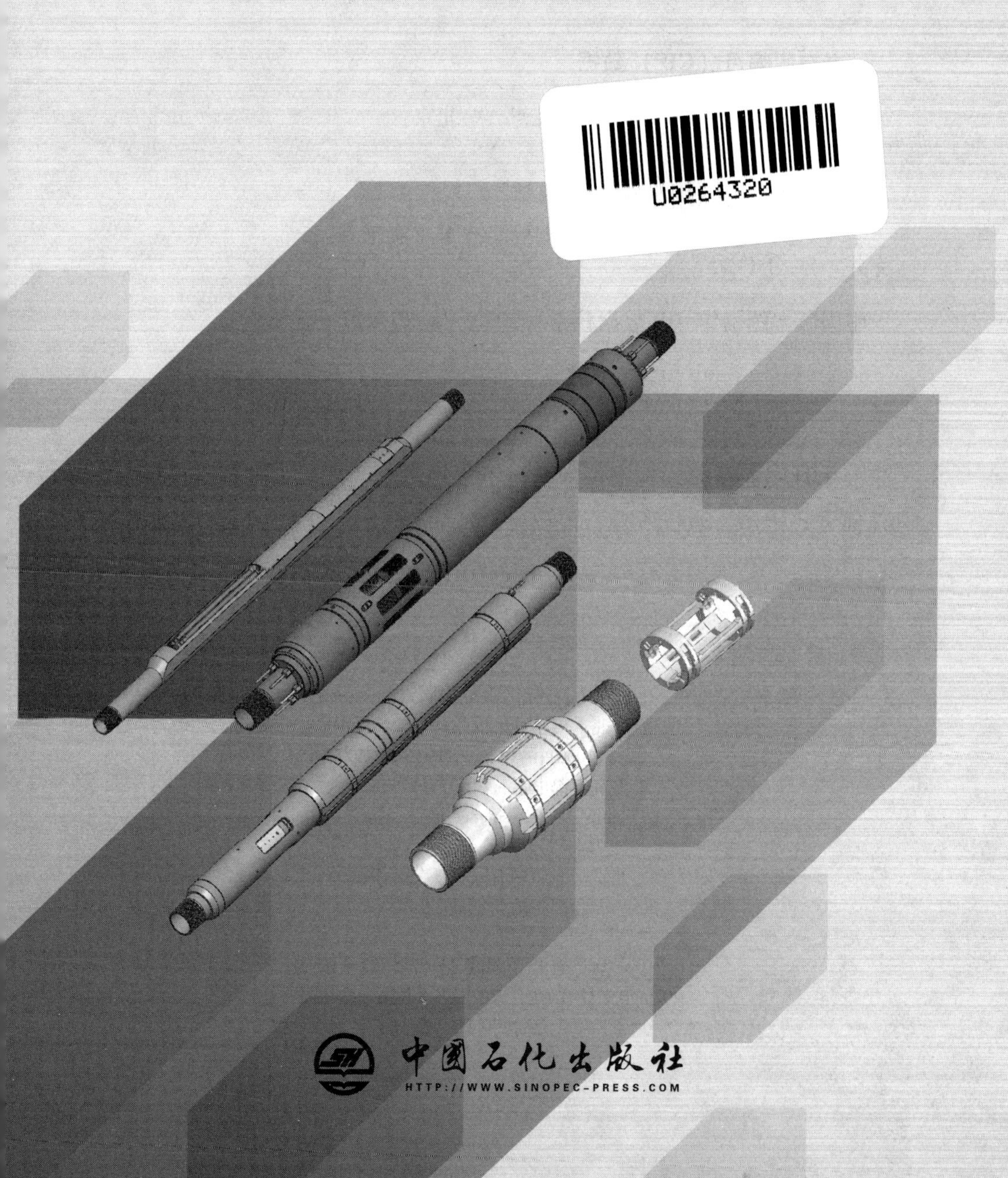

中国石化出版社
HTTP://WWW.SINOPEC-PRESS.COM

内 容 提 要

本书详细阐述了井下监测系统、井下流体控制系统、井下数据传输系统、优化系统等智能完井技术组成及关键技术，深入分析与总结了国内外多家公司的智能完井技术及应用情况，重点剖析了 Halliburton、Baker Hughes、Schlumberger、Weatherford 等公司的经典产品与技术，并对智能完井技术应用于多分支井、多油层分层开采、智能注水、注气等方面进行了总结。

全书内容依托石油天然气领域的工程标准、法规，结合相关的工程实例，具有较强的实际应用价值。本书可作为石油院校相关专业与相关工程技术人员的参考书。

图书在版编目（CIP）数据

智能完井技术概论/王金龙等编著. —北京：中国石化出版社，2020.9

ISBN 978-7-5114-5985-5

Ⅰ.①智…　Ⅱ.①王…　Ⅲ.①智能技术-应用-完井　Ⅳ.①TE257

中国版本图书馆 CIP 数据核字（2020）第 177227 号

中国石化出版社出版发行

地址:北京市东城区安定门外大街 58 号

邮编:100011　电话:(010)57512500

发行部电话:(010)57512575

http://www.sinopec-press.com

E-mail:press@sinopec.com

北京富泰印刷有限责任公司印刷

全国各地新华书店经销

*

710×1000 毫米 16 开本 11 印张 202 千字

2020 年 9 月第 1 版　2020 年 9 月第 1 次印刷

定价:40.00 元

前　言

在油田开发过程中，地层的复杂层间能量关系、物性差异、流体渗流速度、油气水动态分布、注采的非均匀性、裂缝－断层－高渗带存在等，必然引起流动层段的相互干扰，结果是：当其中一个或多个层段发生不利于井的生产因素时，就会影响油气井的生产，甚至停止生产。因此，常规完井技术已经很难满足生产的要求，急需一种新技术解决以上生产难题。

在该背景下，国外专家提出了一种能够对井下信息进行实时监测，控制井下生产流体流动和无需修井等人工干扰作业的新技术——智能完井技术。智能完井技术可让生产管理者有序管理油、气、水层，按管理者的意图控制地层－储层流体的流动，既可分采又可合采；也可实现分段封隔、选择性分级压裂酸化、重复压裂酸化等；更为实现信息化、智能化、自动化、数字油田奠定基础。最终实现产量、采收率的大幅度提高和开发成本的降低。

全书共4章。第1章对智能完井技术的概念进行了定义，介绍了智能完井技术的特点与优势，简述了国内外智能完井技术研究现状以及发展趋势。第2章针对井下监测系统、井下流体控制系统、井下数据传输系统、优化系统等智能完井的关键技术进行了详细分析。第3章重点分析了Halliburton、Baker Hughes、Schlumberger、Weatherford等公司的经典智能完井技术与国内CNPC、SINOPEC和CNOOC等公司已经研发出的智能完井技术。第4章对国内外智能完井技术的应用实例进行了详细的介绍。

本书得到了西安石油大学优秀学术著作出版基金、西安石油大学青年教师创新基金、国家自然科学基金项目（No. 51274165）、国家留学基金委项目（CSC No. 201708610063）、油气藏国家重点实验室开放课题（No. PCL2020033）的资助与支持，在此表示感谢！

由于学术水平有限，书中难免存在不妥之处，恳请读者批评指正。

目　　录

1 绪　论

1.1 概　念

智能完井(Intelligent Completion/Smart Completion)——井下安装永久型压力、温度、流量等传感器，地面可控井下滑套，穿线式封隔器，井下测控装置，井下通信系统等，使作业者不需物理干预(不必进行各项采油修理工作)就能进行遥测(对井下各层段流出或注入的流体进行压力、温度等参数的长期监测)与遥控(在油藏选择层段/层间遥控油井液流流动或注入)以及远程优化生产(碳氢化合物生产和油藏管理方法允许的优化)的先进完井方法，智能完井后的井才是智能油气井(Intelligent Well/Smart Well)，智能完井技术组成如图 1.1 所示。智能特征体现在由传感器采集到的信息经过数据处理(消除异常点、数据降噪等)与数据解释(各个层段产量、

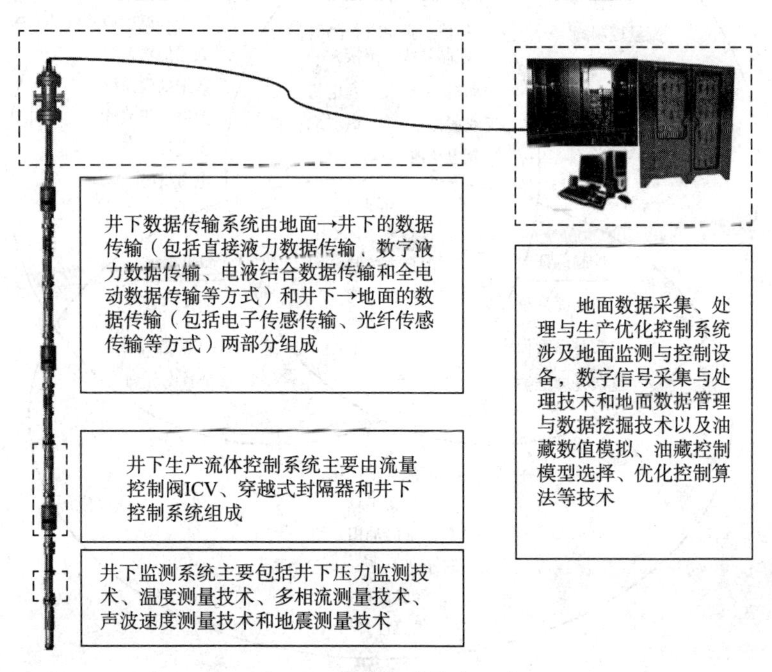

图 1.1　智能完井技术组成

含水率、渗透率等)后输入油藏模型进行实时拟合并更新油藏模型(实现油藏实时动态监测)，再通过生产优化控制策略制定出各个流量控制阀(Inflow Control Valves, ICV)的最优开度组合，给流量控制阀以开度指令，从而调控油气藏与井筒内液流流动方向、流量、关闭或打开，整个工作过程形成一个完整的闭环控制，智能完井技术闭环工作流程如图1.2所示。智能完井技术正在发展成为一种具有一定人工智能的智能化完井技术，但是应当注意的问题是，目前智能完井的概念并非是指使生产系统具有自动化控制或优化生产的能力，智能完井尚需借助人工界面发出指令，以实现对生产油井的控制，智能完井技术图解如图1.3所示。智能完井技术为石油资源提供了一种更智能化、更灵活可变的管理，正受到越来越多的关注，并将成为21世纪石油工业的一项重要技术。

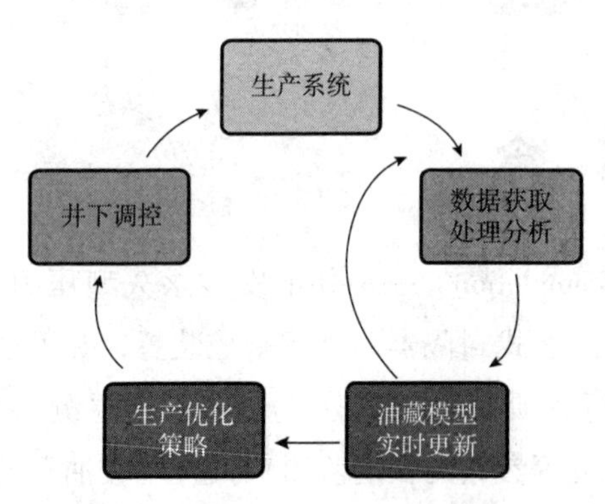

图1.2 智能完井技术闭环工作流程图

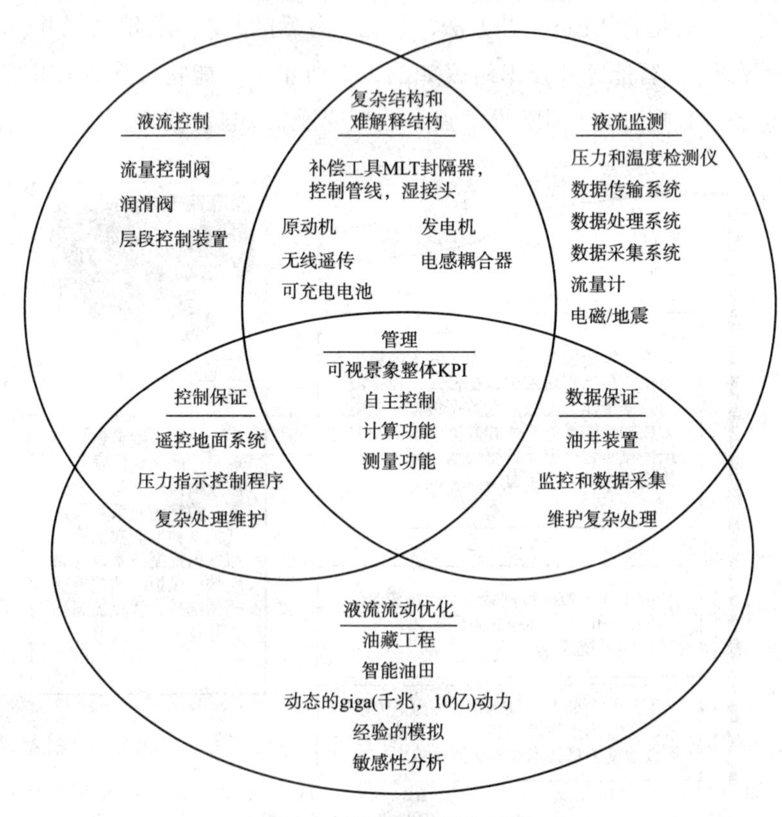

图1.3 智能完井技术图解

根据国外成功的应用经验，智能完井技术广泛适应于各种油气藏，特别是海上油气田开发和低渗透油气田开发。通过对直井、水平井(H)、长水平井(LH)、多分支水平井(ML)、最大油藏接触面积井(MRC)等复杂结构井进行智能完井，配合生产优化控制可大幅度提高单井产量与生产周期及油气采收率实现高效注水开发，甚至对老井改造进行(侧钻水平井、分支井等)智能完井，能使低产井、停产井、躺倒井、高含水井等恢复和提高产能，收到起死回生(焕发青春)之效。智能完井技术之所以具有突出的油气田开发优势，主要是它能够在投产后的生产过程中实现：

(1)控制流动，即控制不希望的地层流出液流；

(2)分布式注入，可以根据实际油藏情况，按照需要注入量分层注水，减少了注入量，提高了注水开发的效率；

(3)控制多层分、合采，多井分采转成智能井多油层合采后，智能井既可以对油藏中的某一层进行单层单独开采，也可实现多油层合采，如图 1.4 所示；

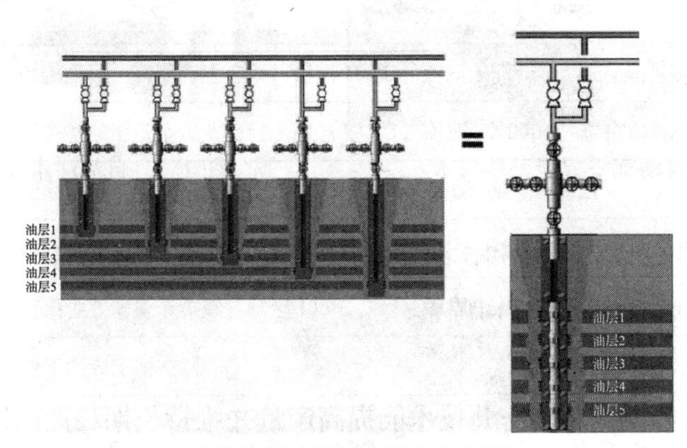

(a) 多井分采转多层合采智能完井示意图

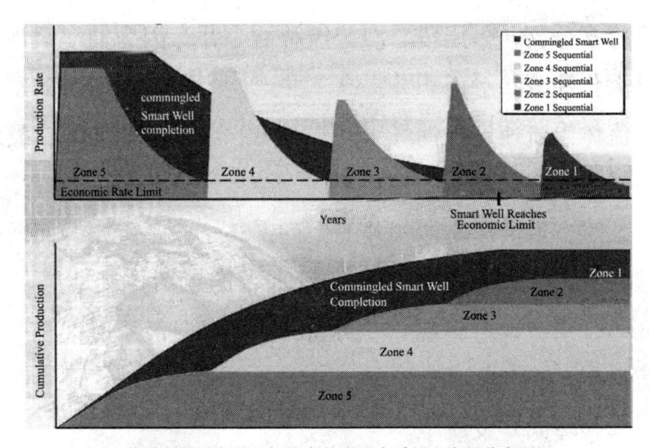

(b) 分采的累积产量与智能完井多层合采累积产量分布图

图 1.4　有控制的合采智能完井技术

(4)自动气举，如图1.5所示；

(5)自流注水，如图1.6所示；

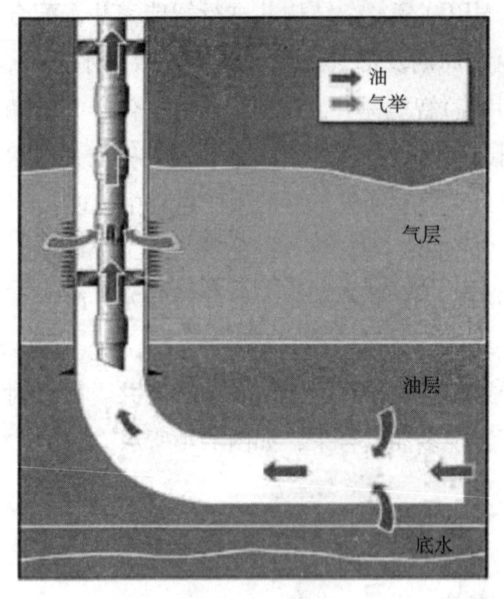

图1.5　自动气举智能完井技术

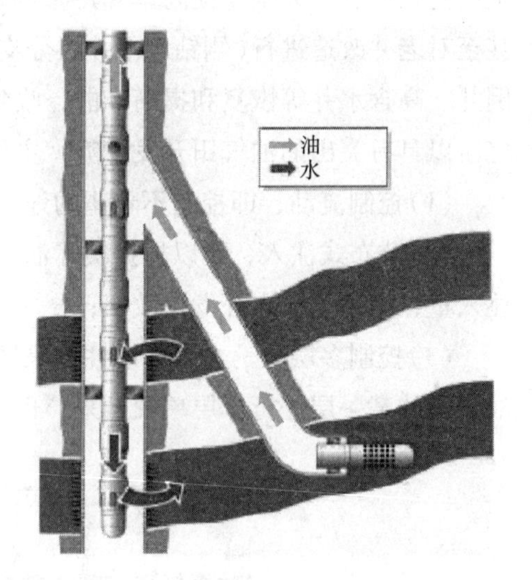

图1.6　自流注水智能完井技术

(6)组分(成分)组合(掺和，混合)；

(7)井眼稳定与复杂井结构调整；

(8)避免井间层段干扰。

同常规完井相比，智能完井技术能提高产量并维持长期稳产。因此，无论是陆地井、海上平台井、海底井口井都能实现有控的最优工作模式。

为什么要进行多分支、多层段、多分级智能完井？因为油气藏地质的复杂性决定了：当采用最大化油藏接触面积井提高单井产能生产时，地层的复杂层间能量关系、物性差异、流体渗流速度、油气水动态分布、注采的非均匀、裂缝－断层－高渗带存在等，必然引起流动层段的相互干扰，结果是当其中一个或多个层段发生不利于井的生产因素时，就会影响油气井的生产，甚至停止生产。而通过智能完井技术可让生产管理者有序管理油气水层、按管理者的意图控制地层－储层流体的流动，既可分采又可合采；也可实现分段封隔、选择性分级压裂酸化、重复压裂酸化等；更为实现信息化、智能化、自动化、数字油田奠定基础。最终实现大幅度提高产量、提高采收率和降低开发成本。

1.2 特点与优势

智能完井技术作为一项新型的油藏管理技术，与常规生产技术相比，其技术优势突出表现在以下几个方面。

(1)地面遥控滑套动作：在地面上可以诊断出流量控制阀的开度；可以在地面上选择性开关或控制某一油层的生产；可以根据油井生产情况进行井身结构重配来调控生产剖面。

(2)实时监测：可以对各个生产层段的井下生产信息(如压力、温度、流量等)进行远程实时监测，同时将监测到的数据传输到地面上的计算机中储存，且所监测数据具有连续性，因此，最大限度地减少了测井的工作量。

(3)便于油藏管理：井下监测的长期数据比传统的短期测试数据更广泛，能够提供的油藏信息更多，有利于油藏工程师进行油藏建模。监测数据主要有单井数据(如压力、温度、流量、含水、黏度和组分等)，还有井间数据(如地震、波动、声波、电磁成像等)，监测信息的广泛将油藏管理向着精确的流体前缘图解和油藏描述方向发展，实现油藏的实时分层段控制与优化开采。

(4)增加油气资源可采储量，提高油田最终采收率：可以根据各油层渗透率与油藏压力分布独立控制各生产层段流体的流入量或注入量；可以充分利用地层天然能量开采；可以有效控制层段间干扰；可以延迟水突破抑制含水率上升；可以延长油藏稳产期；可以调节油藏的生产动态；可以高效注水开发，降低无效水循环。

(5)控制不同层段生产流体的流量：可使油、气从多个层段同时生产并在主井筒中进行混合，使油、气达到最高的产量，各层段的流量控制装置调节全井筒内流体的压力达到均衡，使各生产层段以各自的生产压差同时生产，控制不同生产层段的产量。

(6)节约生产成本，最大限度地降低基建费用和作业费用(OPEX)：可以减少开发油田需要的油水井总数；可以减少常规人工作业次数，最大限度降低作业费用。当指定油气藏开发完毕后，整套智能完井井下系统可以从井下回收到地面，经过检修后可以重复使用到其他的油气水井中，从而降低生产成本。同时，还大大避免了修井作业引起的关井时间问题。

(7)由于消除了关井时横向流动所造成的影响，可以进行每个生产层段的压力升降分析；由于消除了多层合采混合流动分析引起的误差，容易进行物质平衡计算且更加精确。

(8)能够利用邻层气进行气举：通过遥控调节流量控制阀开度能够优化常规气举方法。

(9)能够使一口井起到多口井的作用，既可以对油藏的多层进行合采，对多分支井进行监测与控制，又可以在一口井上同时实现注入、观测与生产等多种功能。

(10)具有很好的“三性”(机械力学整体性、整体水力密封性、管柱重入性与选择出入性)，且已在小井眼(裸眼尺寸 $3\frac{7}{8} \sim 4\frac{1}{8}$in)中实现应用智能完井技术。

1.3 关键技术分析

1.3.1 井下监测系统

井下监测系统主要是指在高温高压的井下环境中安装永久式传感器(包括压力/温度传感器、流量及流体组分传感器等)监控与测量井下生产信息。

现用于井下监测压力/温度的传感器主要是电子传感器(溅射薄膜敏感元件、石英、硅晶体电子传感器等)、光纤传感器。由于光纤传感器可以极大地提高井下高温监测系统的可靠性，近几年来，光纤传感器技术发展迅速，并已成为现今智能完井技术中信息监测技术的主流选择。

1.3.2 井下生产流体控制系统

井下生产流体控制系统组成主要包括：滑套(流量控制阀)、井下控制系统和封隔器。

(1)滑套(流量控制阀)：智能完井技术中控制各产层流入动态的关键控制装置，通过使用流量控制阀的节流功能可以关闭、开启或节流一个或多个产层，实现对不同产层或者分支流量的单独控制，实时调整产层间的压力、流体流速、井筒流入动态，实现油藏的实时控制与优化开采，是控制各产层流入动态的主要控制装置。控制机理主要是通过地面控制和界面系统向井下下命令和工具控制器发指令来控制井下滑套。

(2)井下控制系统：可以减少井下控制管线数量并实现地面独立控制井下每个流量控制阀的滑套动作。根据滑套驱动方式不同，井下控制系统包括 5 种：直接水力系统、数字水力系统、电－液系统、迷你水力系统与纯电子控制系统，其中前四种井下控制系统为液力型。液力型井下控制系统控制机理与方法如图 1.7 所示。

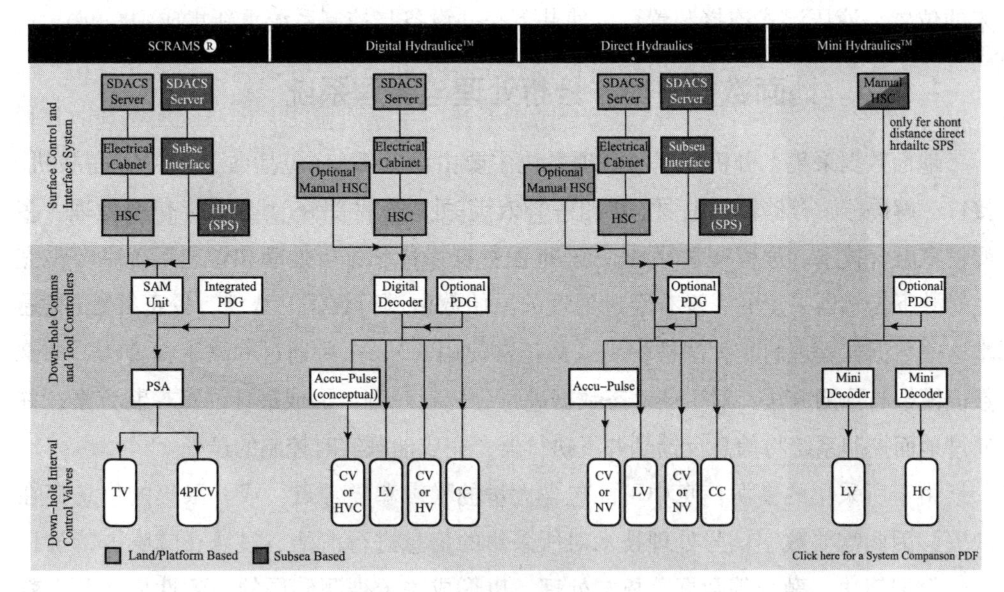

图 1.7　液力型井下控制系统控制机理与主要方法

(3)智能完井技术用的油管封隔器除了设计有传输线/控制线通过的贯穿孔以外，与常规完井所使用的封隔器没有本质的区别。目前，已开始将遇油气膨胀封隔器用在智能完井技术中。

1.3.3　井下数据传输系统

井下数据传输系统包括电源线、仪表电缆、液压控制线、光纤电缆等传输管线及管线保护装置、井口贯入装置、井下湿式断开装置和井下电缆或管线断开与接通装置。

井下数据传输系统关系到整个智能完井技术的可靠性、稳定性，为了使智能完井井下系统中的液压管线、光缆、电缆等在下入和使用过程中不被损坏，提高系统的安全性和可靠性，已有的智能完井技术采用的方法是将这些线缆封装在一起。例如，将电力线和数据传输线与电泵电缆集成在一起，或者将光纤电缆与液压控制线集成为一体送到井下，甚至将智能完井电缆搭接在生产管柱外面。但由于井下的环境复杂恶劣，因此对传输管线的材质选择、管线保护装置的结构以及为减少和优化液压管线/传输线数量而展开的研究都是非常重要和必要的。

此外，由于智能完井技术中某些部件或设备的寿命期是有限的，在整个油井生产过程中需要不断取出更换(如 ESP)，当 ESP 与传输电缆配置在同一生产管线上时，就必须为液压控制线和电源线提供井下湿式断开装置。一旦 ESP 重新安装回原来的位置，液压湿式连接装置可以使井下完井设备与控制系统重新集成到一起。

1.3.4 地面数据采集、分析处理与管理系统

地面数据采集、分析处理与管理系统主要由设备部分(包括微型 CPU 或单板机、接口、解码器、存储器、电源、泵组等)和计算处理软件部分(涉及数字信号处理、多源信息融合技术、远程技术等)构成。地面数据采集、分析处理和管理系统主要是完成对井下传感器采集的、没有经过处理的原始数据进行解码、滤波、校正等处理(通常这些数据在处理前是无法被识别或被正常使用的)，然后通过油藏工程方法、油藏数值模拟与预测方法，对生产动态数据进行分析和挖掘，形成最佳油藏控制方案，并通过地面控制系统将信息反馈到井下执行器，完成油藏实时控制的过程。

由于所采集的多源信息中可能包含大量的噪声和异常点，或者采集的信息存在缺失，因此需要数字信号处理技术对所采集的信息进行清洁、过滤、降噪、特征提取、数据简化、融合等数据分析与处理，以形成关于被测储层的一致性描述和有效的监测数据，为油藏的优化控制提供可靠的数据依据。

同时，由于在智能完井技术中，对井下数据(如压力、温度、流量等)的采集一般为每 1s 或每 10s 采集 1 次，采集时间可能持续多年，因此需要通过数据采集系统的接口设备，利用远程技术将采集的海量数据传送至远程服务器进行存储与管理。

1.3.5 智能完井生产优化控制系统

利用井下永久监测系统采集到的井下实时数据，对油藏模拟模型进行更新和微调，并借助优化控制算法，通过控制井下各个流量控制阀打开程度来优化油藏生产动态，从而实现最高采收率(或净现值)是智能完井优化控制的目标。智能完井生产优化控制系统涉及油藏数值模拟、油藏控制模型选择、优化控制算法与自动化控制模型等技术。

1.4 国外智能完井技术研究现状

随着油气勘探开发的发展，沙漠、深海、边界等特殊油气藏越来越多，储层也越来越复杂，为了有效地开发这类油气藏，水平井、分支井的数目也日益增加，常规完井方式已不能满足这类井的要求；油田开发过程中同一口井不同层位或同一层位不同层段含水不同的情况很多，常规完井技术无法调整生产层位，不能控制多层合采的水气锥进问题，开采效果差；此外，很多油气田开采进入高含水后期，油气

层性质差距大，常规完井技术不能满足高含水井的正常生产要求而导致关井；油气藏状况和恶劣的环境条件，即深水、海底、高温高压、混采和浮式采油等，不断对常规生产管理方式提出挑战。这些复杂的技术、经济和环境等挑战性问题是当前油气开发的特点，而应对这些挑战则是发展智能完井技术的主要推动力。

20 世纪 90 年代后期出现了无需修理干预的实时流量控制技术。在此之前，只能通过钻机进行干预或挠性管传送射孔、挤注或换套筒来调整产层的流量。与此同时，Baker Hughes、Schlumberger、ABB 和 Roxar 等几家公司都开发了对井下进行监控的智能完井技术。Halliburton 公司和北海石油服务工程公司合作开发的 SCRAMS（地面控制油藏分析管理系统），被认为是最早的电子液压智能完井技术，在 1997 年应用于北海的 Saga 张力腿平台上。1997 年 Baker Hughes 和 Schlumberger 公司联合开发了电子智能流量控制技术，被称为“InCharge”。Baker Hughes 还独立研发了液压式智能完井技术——“InForce”。这两套系统分别于 1999 年和 2000 年在巴西的 Roncador 油田和挪威的 Snohe 油田进行了现场应用。2004 年，智能完井技术所占市场份额为 1 亿美元，2005 年达到 2 亿美元。智能完井技术是为了适应现代油藏经营新概念和信息技术在油气藏开采和应用而发展起来的新技术。可以预见，随着技术的发展，该技术的价值逐渐在更加广泛的市场得到体现。智能完井技术发展进程图如图 1.8 所示。

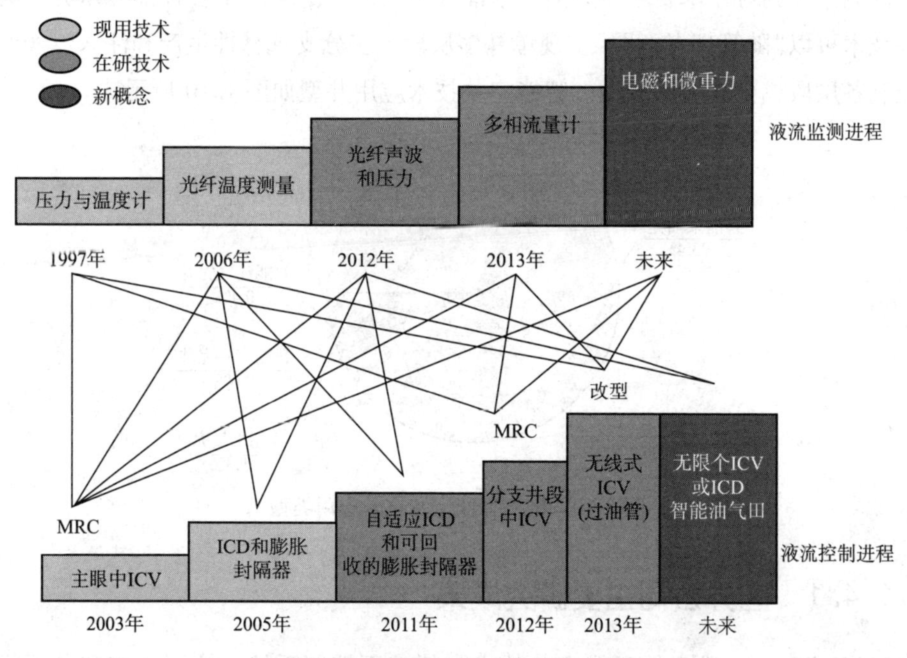

图 1.8　智能完井技术发展进程图

当前，国外主要拥有智能完井技术的公司以 Halliburton、Baker Hughes、Schlumberger、Weatherford 四家公司为主，各公司市场份额分布如图 1.9 所示。这些公司智能完井技术的广泛应用，大大加快了油气藏开采的速度，提高了油气田的最终采收率。

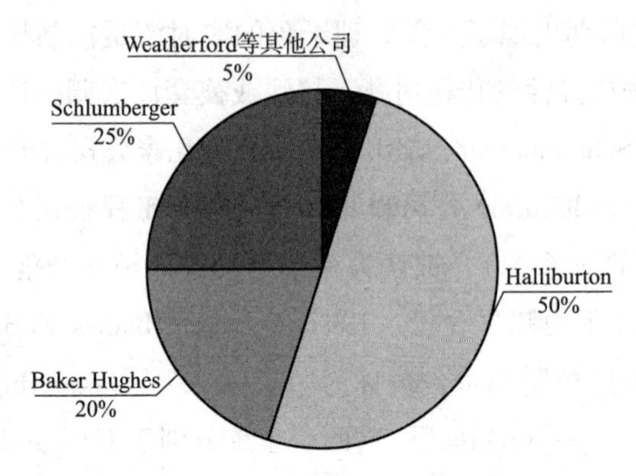

图 1.9　国外拥有智能完井技术公司市场份额分布

1997 年 8 月 Halliburton 公司在北海 Snorre 油田成功完成世界上第一口智能完井以来，智能完井技术已经在北海、巴西、挪威、沙特等多个地区的油气田得到广泛应用。截至目前，国外采用智能完井技术的油气井将近 2000 口，使用范围从开发后期的老油田到对技术要求苛刻的深水油气田，被广泛应用于各种油气水井。智能完井技术可以“随管理者意图”实现单井多层段、多分支选择性生产和注入，实时优化控制各层段或分支井的流动。智能完井技术应用井型如图 1.10 所示。

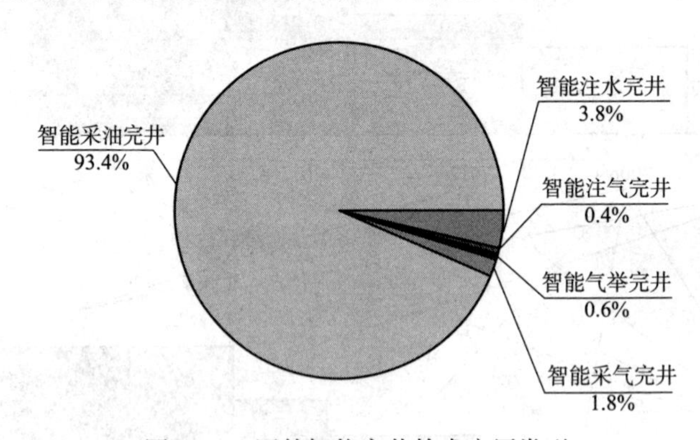

图 1.10　国外智能完井技术应用类型

1.4.1　国外公司主要研究成果

(1) Halliburton 推出的智能完井技术包括地面控制系统、控制系统和井下设备三大部分。

(2)Baker Hughes 研制出了石油行业第一套高级智能完井技术——InCharge 智能完井，该技术实现了完全电气化，可以远程实时遥控生产作业和注入管理。InCharge 使用可变阻流器和高精度压力，温度传感器，对油管和环空中井底油层的实时压力、温度和流量及油井的生产和注入情况进行监测，对各个油层的流量进行连续监测和控制。该系统还可以通过个人计算机选择打开或者关闭某一产层。

(3)Schlumberger 已在 14 口井上安装了可回收式流量控制器，其中 8 套应用于 Troll 油田，3 套应用于 Oseberg 油田，3 套应用于 Wytchfarm 油田。第一套全电控智能完井技术于 2000 年 8 月在 Wytchfarm 油田应用，当油井老井眼出水时，从老井眼中钻两个分支井眼，并对每个分支井眼进行井下流量控制，从而有效恢复了油田产能。Schlumberger 还独立开发了自己的智能远程操作系统，它与 IRDV 或 IRIS 双阀系统相配合使用，而且使用该公司开发的数据存储器和井下记录仪，在地面实时读出流量控制阀的压力、环空压力和温度。系统中 TRFC——E 油管可回收式流量控制系统是智能完井中的主要部件，它有一个流量调节阀，可通过井下生产监测系统提供实时数据，通过地面控制站用电信号来调节。

(4)Roxar 公司通过继承 Smedvig 技术公司的技术，在地面实时读出井下压力、温度，主要研制出 PROMAC 井下压力仪。在多分支井和复杂结构井完井时，可控制每个产层的产量，它不仅可完全控制油管内和油层中的压力和温度，而且可提供控制阀滑套位置的准确信息。

(5)ABB 公司智能完井技术是一个综合性可视化系统，在油层中安装一个永久性地震传感器，来对井下油藏进行监控。目前正在进行传感器结合井下流量控制阀和控制系统总成的试验。随着智能完井技术的发展，操作人员可根据油藏特征，制定出合理的开发方案。可用该系统进行合采，且可根据油井的具体情况来限产。

(6)英国 Shell 公司于 2001 年底在北海的一口水平井中安装了流量智能控制阀，通过可调油嘴，实现对油层的遥控。

1.4.2 国外公司主要智能完井技术

1. SmartWell 智能完井技术

SmartWell 完井技术是 Halliburton 研发的液控型智能完井技术，第一套 SmartWell 于 1998 年成功应用于 Brunei 油田。该系统主要包括地面分析和控制系统、液控型流量控制阀(ICV)、HF-1 型穿越式管内液压坐封封隔器、永久式井下传感器、液压控制管线和电缆传输管线。SmartWell 通过井下传感器采集每个储层的压力和温度数据，并且能以液压控制井下流量控制阀，优化油藏生产方式。HF-1 型穿越式管内封隔器用于封隔邻近的两个储层，它在常规采油封隔器的基础上添加了能穿越液压控制线和电缆传输线的贯穿孔。该封隔器最多允许穿过 5 条线缆，其中包括 1 条电缆和 4 条液压控制线，最多能实现 3 个油层或分支井的智能开采。SmartWell 系统的流量控制阀为液压直接水力流量控制阀，利用 2 条液压管线进行控制，只能够进行打开和关闭操作，采用了金属密封技术，最大密封能力达到 105MPa，耐温能力达到 177℃。传感器采用了高精度、高分辨率的电子传感器技术，具有体积小和耐温能力高(150℃)的特点。

2. InForce 智能完井技术

InForce 完井技术是 Baker Hughes 生产的液控型智能完井技术，利用 HCM 遥控液压滑套、隔离封隔器以及井下永久计量监测仪来实现远距离流量控制，缩短了改变井下条件前的探测和反应时间。InForce 的井下永久石英计量仪监测井下实时压力和温度数据，由 1 条单芯电缆给各个计量仪提供电力和通信渠道，最终将信号传给 SCADA 控制系统。SCADA 控制单元可以自动或手动方式通过专用的液压控制管线在地面遥控井下流量控制阀的打开或关闭，每个滑套需要 2 条液压控制管线驱动。InForce 将 HCM 遥控液压滑套进行改良，设计了外罩式液压滑套装置，该装置能控制管内流体的通过。该设计成功地将控制下方储层的流量控制阀上移至封隔器上方，避免了液压管线穿过封隔器，在一定程度上提高了系统的可靠性。

3. SCRAMS 智能完井技术

将液压控制管线和电缆硫化在扁平的橡胶带中，液压控制管线为 SCRAMS 提供液压驱动力。其安装了电－液井下控制系统，即通过电缆控制电磁阀对液压力进行换向，再把这个力传递给流量控制阀活塞的每一侧。相比 SmartWell 完井技术，由于 SCRAMS 采用了先进的电－液井下控制系统，减少了控制管线的数量，整个井眼只需 1 根液压管线和 1 根电缆便能智能控制井下的开采。SCRAMS 系统的突出特点是设计了冗余的液压和电缆的控制传输系统，利用 2 套独立的液压和电缆管线同时完成滑套的无级流量控制，以便准确控制流入或流出油层的液体。

4. InCharge 智能完井技术

InCharge 是首次完全依靠电力驱动和传输的智能完井技术，完全实现了电气化，可以远程实时遥控生产作业和注入管理。InCharge 使用可变阻流器和高精度压力、温度传感器，对油管和环空中井底油层的实时压力、温度和流量及油井的生产和注入情况进行监测，对各个油层的流量进行连续监测和控制。无级流量控制器允许对单层流量无级调节，可利用电缆灵活调整每个储层的单层流量。In-Charge 利用 1 根 6. 35mm 的电缆作为控制线和传输线，能够同时监测和控制井下 12 个储层的智能开采，即可以通过个人计算机选择打开或者关闭某一产层。

5. 光纤监测技术

Weatherford 的光纤监测技术能够提供整个井下剖面的实时数据，而不仅仅是单点数据。随着温度在井中的变化，它会影响激光脉冲光源沿光纤束反向散射的方式，并因此而指示出井底温度和深度，这种提供连续剖面数据的能力在监测井下生产状况方面是独特的。井下光纤传感器能够连续监测井眼温度的最小距离达到了 0. 5m，基本实现了全井的温度监测。光纤技术与传统的电子传感器相比，具有更好的耐温、耐腐蚀特点，不受电磁信号的影响，具有更高的可靠性。Weatherford 利用光纤传感器技术代替了常规的电子传感器，与纯液压、电动液压控制系统相结合，能够完成全井立体实时监测，方便快捷地调整井下多个储层的开采。

6. Swellpacker 穿线式自膨胀封隔器技术

Halliburton 的穿线式自膨胀封隔器技术采用特种遇油、遇水膨胀橡胶，在裸眼完井中具有自我修复能力强、膨胀系数高和密封压力大的特点。穿线式自膨胀封隔器是预先在封隔器橡胶层割槽，在封隔器入井时将液压控制管线或电缆完整地穿过橡胶层，无需切割和拼接，待自膨胀封隔器到达设计位置遇油(水)坐封后，它会自行密封线缆和橡胶层之间的间隙。穿线式自膨胀封隔器技术在使用时无需切断和连接线缆，具有较高的可靠性。

目前，智能完井技术根据井下滑套控制方式主要分为全电动式、电动 - 液压式和光学 - 液压式。全电动式是智能完井技术的未来发展方向；由于液压式稳定性强，仍占智能完井技术主导地位。此外，智能完井技术在国外已经应用到水平井、大位移井、分支井、边远井和水下采油树井及多层采油井和注水井中。智能完井技术正在飞速发展，现在的问题已经不是这种技术是否有效以及能否创造价值，而是终端用户的基础设施是否有能力最佳地利用这种技术。

与常规完井生产相比，国外智能完井技术可以提高单井产量 20% ~ 300%，含水率可以降低至 10% 以内，净现值增加 100% 以上，提高采收率 10% 以上，避免高昂的修井作业，有效预防油藏水体突破，真正实现少井高产的目的。国外公开资料统计显示，智能完井技术应用数量以每年 100 口左右速度快速增长，应用市场广阔，国外智能完井技术应用情况如图 1. 11 所示。

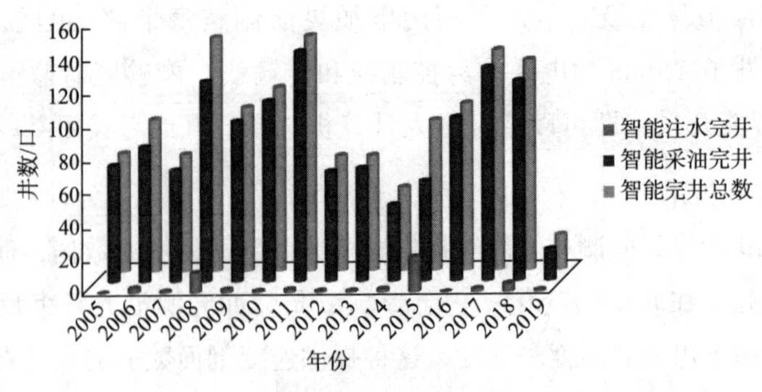

图 1.11　国外智能完井技术应用情况

1.5　国内智能完井技术研究现状

从 2001 年开始，中国石油天然气集团有限公司、中国石油化工股份有限公司和中国海洋石油集团有限公司等石油企业相继开始智能完井技术研究。历经多年的研究，智能完井技术突飞猛进，已经成功研制出部分产品，使智能完井技术在国内 10 余个油田得到广泛的应用。

1.5.1　国内智能完井技术应用现状

1. 穿越式封隔器方面

胜利油田研制的高强压缩式管外封隔器整体性能接近国外同类产品的水平，遇油、遇水自膨胀管外封隔器已经能够满足现场应用的要求。

2. 光纤传感器监测方面

辽河油田开展了稠油热采动态监测技术研究，研制了新型金属绝热技术和波长解调型光纤压力传感器系统，光纤传感头采用光纤－厚壁石英管激光熔接的无胶封装方式，解决了高温环境下的传感器高压密封和光纤保护问题。目前，该传感器已成功应用于辽河油田曙光采油场油井下的压力实时监测。胜利油田等研究机构申请了“永置式井下智能监测装置”的专利，该装置能够实时监测井下压力、温度数据。

西安石油大学在油气井下高温、高压光纤传感检测方面取得了突破，完成的“高温高压分布式光纤光栅传感技术”荣获 2007 年度国家技术发明奖二等奖。

北京蔚蓝仕科技有限公司申请了“用于智能完井的光纤多点温度与压力测量方法及其装置”的专利，通过光缆和地面的解调器，可以实时读取井内不同油层的温度和压力。

3. 智能完井在采油方面应用

中国石油勘探开发研究院进行智能分层采油井现场试验。该井可以实现井下分层动态实时监测压力与温度数据以及各层段流量控制，提高采收率10%。

大庆油田在9口水平井上使用了智能水平完井技术，使用智能完井技术后，利用智能完井的实时监测功能，监测油井的含水情况，及时关闭高含水层，控制油井在低含水层或低含水部位进行生产，调控后平均单井产油量从2.1t/d提高至3.5t/d，平均含水率从89.2%降低至70.6%。

辽河油田为了开发剩余油并解决层间矛盾，使用智能完井分采技术调控三个层段的生产。连续生产了443d，平均日产液32t，平均日产油从2t上升至6.8t，综合含水率下降了20%为78.8%，累计增产原油2126.4t，智能分层控采技术实施效果显著。

胜利油田在孤东油田某油井使用智能完井多层合采技术后，获得产液剖面，分层压力，流体性质和地层参数等。单井日产液从111.5t降低至60t，产油量从0.3t/d提高至20t/d，含水率从99.7%降低至66.3%，生产14个月累积增油960t，减少了作业次数和作业费用，避免了层间干扰和井筒压井液影响。

中国石化石油工程技术研究院为解决鄂尔多斯盆地南部致密油藏水平井大规模压裂开发以后面临的低产、低液和低效问题，计划使用智能完井技术进行智能分采。选择5口水平井进行现场试验，平均单井产油量从1.28t/d提高至5.4t/d，含水率从99%降低至73.2%。该技术能够有效采集生产数据，降低含水率，提高产量，并且具有施工成本低和调层方便等优点，可以为致密油藏水平井控水稳油高效开发提供有效的技术支撑。

中海油能源发展股份有限公司开发出液－电型智能完井技术，即直接液力驱动多级型流量控制阀，井下电子压力、温度传感器与流量计测量压力、温度与流量等信号，并通过电缆将测量信号传输到地面，全部实现国产化并且形成智能完井商业化产品。

4. 智能完井在分层注水方面应用

长庆油田在某超低渗区块的20口注水井应用智能完井技术试验，确保分注井全天候达标注水，实现了精细配水，有效控制单层突进，减少无效水循，并真实掌握了油藏开发动态过程，减少年测调费用100余万元。

大庆油田在54口注水井中使用电控智能完井技术进行分层注水，实现选择性注水目标。智能分层注水后，试验区内砂岩吸水率从67.58%增加到79.05%，吸水层厚度从50.7%增加到77.5%，单井平均产油量从8.4m^3/d增加到9.5m^3/d。大庆油田应用结果显示：智能分层注水技术提高了水驱开发效果，高渗透率层段得到有效控制，有效改善了注水剖面。

华北油田在注水井上使用智能完井技术进行智能精细分注应用。35口智能分注，累计增油1.7万余吨，节约各种测调费用688万元，降本增效显著。

河南油田使用智能注水完井78口，累计增注5.9×10^4m^3，控制无效注水6.6×10^4m^3，增油9160t，减少注水量17.7×10^4m^3，减少作业费用499万元，创产值4428万元，创效益1231万元，取得了良好的经济效益和社会效益。

江汉油田井下分层智能注采控制技术现场应用效果好，达到国内先进水平。智能分层开发技术累计应用315口井，措施成功率92%，累计增油4.3×10^4t。

中海油能源发展股份有限公司开发的电缆永置智能测调分层注水技术具有水嘴连续可调、测试数据实时直读、分层调配及参数实时监测功能，可较好地满足海上油田精细化分层注水的需求。

国内智能完井技术应用表明：与常规井生产相比，智能完井技术可以提高单井产量10%以上，降低含水率10%以上，提高注水效率18%以上。截至目前，公开资料统计显示：国内已经应用各类智能完井技术达900余口，西部油田使用各类智能完井技术55口，采油井应用智能完井技术占36.6%，注水井应用智能完井技术占63.4%，国内智能完井技术应用情况如图1.12所示。从2014年开始，国内智能完井技术应用数量正以每年70口左右的速度大幅度增长。

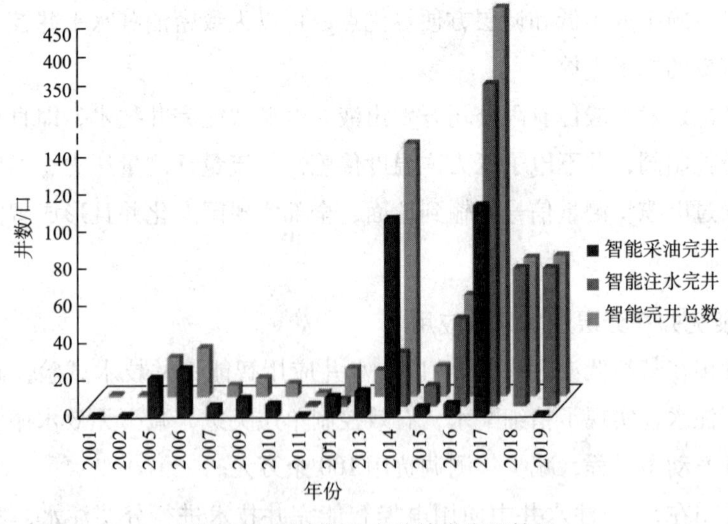

图1.12 国内智能完井技术应用情况

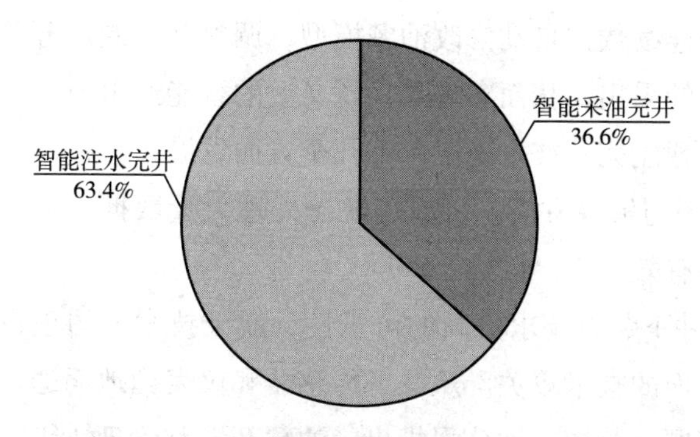

图 1.12　国内智能完井技术应用情况(续)

国内智能完井技术应用从东部浅层的中高渗油藏走向西部深层及超深层的低渗透油藏，从常规油藏开发到非常规致密油藏开发，都得到了良好了开发效果。由于智能完井技术在调控层间干扰、提高采收率与降低生产成本方面的独特优势，其在国内油气田开发中具有广阔的发展空间与应用市场。

1.5.2　制约我国智能完井技术发展与应用因素

井下组件与元器件的可靠性问题以及我国油藏条件特殊的问题制约了我国智能完井技术的发展与应用。

智能完井技术要求井下的组件寿命至少要达到 10 年以上，可靠性要达到 95%以上，因而井下组件的可靠性和寿命是妨碍智能完井技术发展的主要障碍。目前国产的元器件质量和性能难以保证，全部依赖进口，智能完井的成本高居不下，这在很大程度上限制了智能完井技术在国内油田的推广和应用。

国内的油藏条件增加了智能完井技术的难度。在国外，智能完井技术往往用于高产油井，这些井的自喷期长，其生产不用举升设备，完井管柱即生产管柱，不需要修井，智能完井管柱可以长期稳定地工作。而在国内，油藏能量相对较低，虽然也有一些高产井，但自喷期相对短，智能完井管柱的设计必须考虑与生产管柱的结合，在对生产管柱进行作业时，会对智能完井管柱产生影响甚至破坏。

1.6　智能完井技术发展趋势

智能完井技术的进步将使一个开发单元的控制逐步由输入数据控制向基于油井的日配产情况的定值控制转变，所有油藏、油田和油井的优化都将实现自动化，仅需要少数人工或不需要人工参与的优化开采，将自动监测油井井下的压力、温度和流量，并利用这些连续数据自动修改油藏模型，调整井下阀门开关状态，优化原油开采，减少水和气的采出，从而实现真正意义上的智能油田。

目前，国内外智能完井技术围绕以下几个方面发展：

(1)在数据处理与解释方面，目前还缺乏处理大量数据、解释数据并从中获得有用信息所需要的有效软件。

(2)智能完井井下装置要求更高的可靠性，航天技术公司正在参与相关的研究项目并开展了这方面的技术攻关。从井下传感器和仪表到地面通信是该技术中尚待解决的一个重要问题。英国石油公司指出，油藏开发和管理决策需要井下智能装置所提供的资料，而井下智能装置系统需要先进的通信系统，包括井下传感器，遥测、遥控系统和海量数据的管理系统。

(3)未来几年，智能完井技术可以通过连续模拟、测量和控制井下所发生的情况，并把重点放在优化产量上，这需要更好的数据管理，以便了解什么信息最有价值和如何对油藏管理做出更及时的反应。

(4)在控制技术方面，目前主要采用液压技术开启和关闭控制阀和油嘴，只需要一条小直径电缆就可进行操作；光纤技术在井下作业中的应用正在推广；在北海和美国墨西哥湾成功地布置了光纤温度监测系统，在优化采油方面获得了有益的结果；同时，提供液压和电动控制的智能型井下装置的供应商正在研究光纤/电动和光纤/液压监测装置。光纤的出现为基于液压和电动的智能型控制系统的改进提供了进一步发展的机遇。

(5)在永久性监测方面，人们的需求将持续增长。在未来几年内，永久性监测将成为行业规范。井内测量参数的范围将扩大到识别出砂层、表皮因子、流体组分腐蚀、侵蚀和多相流。检波器的成功耦合使人们可以监测微地震波，从而准确追踪流体流动。目前，正在研制近井和远井传感器，以便进行井间电磁成像和声波成像，获取更详细的地层层析 X 射线图像。

(6)如何将智能完井技术与多分支系统、可膨胀系统、防砂作业系统结合起来，更好地优化油藏。

2　智能完井技术组成及关键技术

2.1　井下监测系统

智能完井技术具有实时监测功能。通过把各种传感器长期放置在井下，可以对井下的各个特性参数进行实时动态监测。井下传感器组是永久安装在井下，间隔分布于整个井筒中的，包括压力、温度、流量等多种传感器组。智能完井井下监测的数据不但包括单井数据，还包括地震、声波等井间数据。

2.1.1　井下压力监测技术

目前，井下压力监测的技术主要是光纤压力监测技术和井下电子压力计测压技术。两种技术各有特点，前者具有很高的准确性、稳定性和可靠性，但是其价格昂贵，令中小油气田无法接受，所以光纤系统一般使用在海上高产油气田。后者虽然价格较为经济，但是井下高温、高压的工作环境使电子元器件的性能和寿命急剧下降，其准确性、稳定性和可靠性大大降低。两种压力测量技术对比如表2.1所示。

表2.1　井下压力传感器类型及性能对比

压力传感器类型	量程与精度	环境温度	稳定性及寿命	特点	应用	趋势
电子式	约100MPa ≥0.1%	≤150℃	年漂移约2%，寿命一般不超过5年，易受电磁干扰	成本低，技术相对成熟	普及	浅井、常温井、低成本井中有优势
光纤	约100MPa ≥0.1%	≤370℃	稳定，理论寿命超过15年	井下无电子元器件，抗干扰能力强，可以进行分布式测量，数据处理复杂，成本高	高产高投入井	随着技术的发展，市场潜力巨大

目前在井下压力单点测量中，有两种产品：一是光纤光栅压力传感器；另一种是基于法布里-珀罗干涉仪原理的压力传感器。

1. 光纤压力监测技术

(1) 光纤基本知识

光纤(optical fiber)是光导纤维的简称，它是截面为圆形的介质光波导。1966 年，英籍华裔物理学家高锟发表论文《光频介质纤维表面波导》(Dielectric-Fiber Surface Waveguide for Optical Frequencies)提出用石英玻璃纤维(简称“光纤”)传送光信号进行通信，由于他在光纤及光纤通信方面的突出贡献而获得 2009 年诺贝尔物理学奖。诺贝尔物理学奖评审委员会称，“光纤彻底改变了人们的日常生活”。周光召院士在《物理学的回顾与展望》中指出，光纤是美国工程院选出的 20 世纪最伟大的工程技术之一。

①光纤导光原理

光纤是圆柱形介质波导，它包括纤芯和包层两层，光在纤芯中传播，纤芯之外是折射率略低的包层。光纤是利用全内反射实现导光的，如图 2.1 所示，纤芯的折射率略大于包层($n_1 > n_2$)，光在以一定角度从光纤端面入射时，在芯包界面的入射角大于全反射角的光会被全反射，从而被束缚在纤芯中向前传播，在芯包界面入射角小于全反射角的光由于在每次反射时有部分光折射入包层，从而损失部分能量到包层中，导致无法传输。

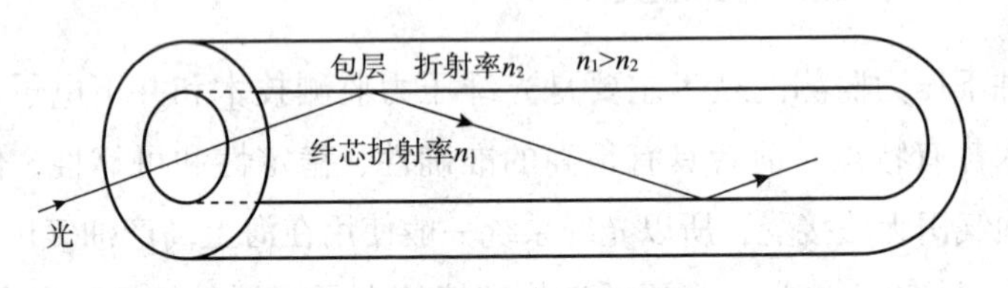

图 2.1　光纤导光示意图

在实际应用中，为保证光纤的机械强度、隔绝外界影响，在拉制光纤过程中同时在表面均匀涂上热固化硅树脂或紫外固化丙烯酸酯，之后再套上尼龙、聚乙烯或聚酯等塑料。

②光纤传感技术的优势

光纤传感器作为传感器中一支新秀，已被国内外公认为最具有发展前途的高新技术产业之一。20 世纪 70 年代末，在光纤通信迅猛发展的带动下，光纤传感器作为传感器家族中年轻的一员，以其独一无二的优势迅速成长，成为近年来国际上发展最快的高科技应用技术，具备以下优点：

a. 抗电磁干扰，电绝缘，本质安全。由于光纤传感器是利用光波传输信息，而光纤又是电绝缘的传输媒质，因而不怕强电磁干扰，也不影响外界的电磁场，并且安全可靠。这些特性使其在各种大型机电、石油化工、冶金高压、强电磁干扰、易燃、易爆的环境中能方便有效地传感。

b. 耐腐蚀。由于光纤表面的涂覆层是由高分子材料组成，耐环境或者结构中酸碱等化学成分的能力强，适合于智能结构的长期健康监测。

c. 测量精度高。光纤传感器采用光测量的技术手段，一般为微米量级，采用波长调制技术，分辨率可达到波长尺度的纳米量级，利用光纤和光波干涉技术使不少光纤传感器的灵敏度优于一般的传感器。

d. 结构简单，体积小，重量轻，耗能少。光纤传感器基于光在传感器中的传播机理进行工作，因而与其他传感器相比耗能相对较少。

e. 便于成网。光纤传感器可很方便地与计算机和光纤传输系统相连，有利于与现有光通信网络组成遥测网和光纤传感网。

f. 外形可变。光纤遵循虎克定律，在弹性范围内，光纤受到外力发生弯曲时，芯轴内部受到压缩作用，芯轴外部受到拉伸作用；外力消失后，由于弹性作用，光纤能自动恢复原状。光纤可挠的优点使其可制成外形各异、尺寸不同的各种光纤传感器。这有利于航空、航天以及狭窄空间的应用。

正是由于这些优点，光纤传感技术被广泛应用于如石油、化工、电力、土木工程、交通、医学、航海、航空、地质勘探、通信、自动控制、计量测试等国民经济的各个领域和国防军事领域。

（2）光纤光栅的测量原理

①光纤光栅

光纤光栅(fiber grating)是沿光纤轴线一段长度范围内，纤芯的折射率呈现某种周期性或非周期性规律分布的一种光纤。这种折射率分布呈现规律性变化的光纤具有控制光传播模式的功能，因而它是一种无源光纤光波导器件。

光纤 Bragg 光栅的物理结构和光传输特性如图 2. 2 所示。光纤 Bragg 光栅的基本工作原理是光波通过光纤 Bragg 光栅时，满足 Bragg 波长条件的光波矢被反射回来，这样入射光就会分为两部分：透射光和反射光。

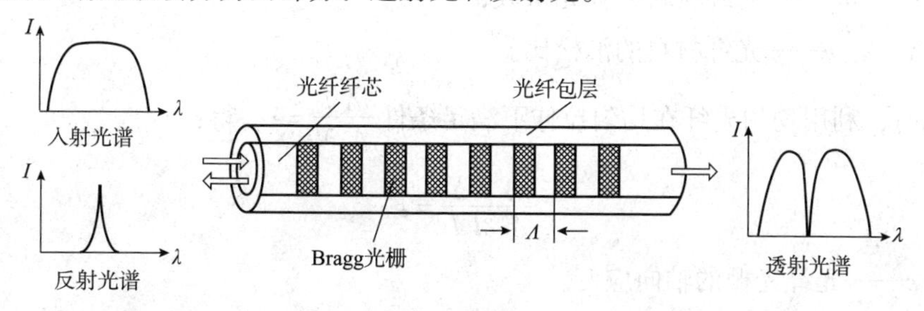

图 2. 2　光纤 Bragg 光栅的物理结构和光传输特性

②光纤光栅的基本方程

根据光纤光栅耦合模理论，均匀非闪耀光纤光栅可将其中传输的一个导模耦合到另一个沿相反方向传输的导模而形成窄带反射波，反射波峰值波长 λ_B 为：

$$\lambda_B = 2n_e\Lambda \tag{2.1}$$

式中 n_e——反向耦合模的有效折射率；

Λ——光纤光栅的周期。

有效折射率 n_e 和光栅周期 Λ 称为光栅常数。任何引起光栅常数变化的物理效应都将引起光纤光栅反射波峰值波长偏移。在所有引起光纤光栅反射波峰值波长偏移的物理效应中，应变效应和温度效应是光纤光栅最基本的物理效应。应变效应和温度效应可认为是相互独立的，即若仅考虑应变 ε 的影响，则 λ_B、n_e、Λ 只是应变 ε 的函数。

③光纤光栅压力测量原理

当对光纤光栅施加外力后，由于光纤光栅周期的变化以及弹光效应，引起光纤光栅反射波峰值波长偏移 $\Delta\lambda_B$，将式(2.1)取自然对数并对光纤光栅栅区长度 l 求导数，可得：

$$\Delta\lambda_B = 2\left(\Lambda\frac{\partial n_e}{\partial l} + n_e\frac{\partial \Lambda}{\partial l}\right)\Delta l = \lambda_{B0}\left(\frac{1}{n_e}\frac{\partial n_e}{\partial l}\Delta l + \frac{1}{\Lambda}\frac{\partial \Lambda}{\partial l}\Delta l\right) \tag{2.2}$$

式中 $\Delta\lambda_B$——光纤光栅反射波峰值波长的偏移量，$\Delta\lambda_B = \lambda_B - \lambda_{B0}$；

λ_{B0}——环境温度下的自由波长；

Δl——光纤光栅长度变化；

l——光纤光栅的长度。

通过对相对介电抗渗张量进行泰勒展开并略去高阶项，同时，引入弹光系数 p_{ij}，可得有效折射率 n_e：

$$\frac{\partial n_e}{\partial l}\Delta l = -\frac{n_e^3}{2}[p_{12} - v(p_{11} + p_{12})]\varepsilon \tag{2.3}$$

式中 p_{11}、p_{12}——光纤材料的弹光系数；

v——光纤材料的泊松比。

同时，利用均匀光纤在均匀拉伸下满足条件$\frac{\partial \Lambda}{\Lambda}\frac{l}{\partial l}=1$，得：

$$\frac{\partial \Lambda}{\Lambda}\frac{l}{\partial l}\frac{\Delta l}{l} = \varepsilon \tag{2.4}$$

式中 ε——光纤光栅的轴向应变。

综合以上各式，得到光纤光栅反射波峰值波长偏移量 $\Delta\lambda_B$ 与光纤光栅轴向应变

ε 之间的关系为：

$$\Delta\lambda_B = \lambda_{B0}(1 - p_e)\varepsilon \tag{2.5}$$

式中 p_e——光纤的有效弹光系数，$p_e = \frac{n_e^2}{2}[p_{12} - v(p_{11} + p_{12})]$，对于熔融石英光纤，$p_{11} = 0.121$，$p_{12} = 0.270$，$v = 0.17$，$n_e = 1.456$，因此，$p_e = 0.22$。

式(2.5)是光纤光栅的应变效应表达式，也是与应变相关的光纤光栅传感的基本关系。

综合光纤光栅的应变效应和温度效应，由上述表达式可得光纤光栅反射波峰值波长偏移量 $\Delta\lambda_B$ 为：

$$\Delta\lambda_B = \lambda_{B0}[(1 - p_e)\varepsilon + (\alpha + \xi)\Delta T] \tag{2.6}$$

以此为物理基础，利用光纤光栅可以同时测量应变和温度，即构成光纤光栅温度压力传感器，即多点、多参量测量，如图 2.3 所示。

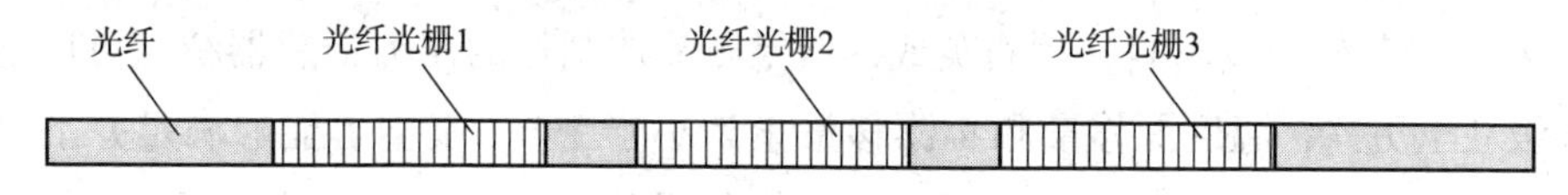

图 2.3 多点传感器示意图

(3) 法布里 - 珀罗干涉压力测量原理

图 2.4 是法布里 - 珀罗干涉仪的结构示意图，由威治尼亚光子研究中心与雪佛龙公司联合研制，具有自校正功能。

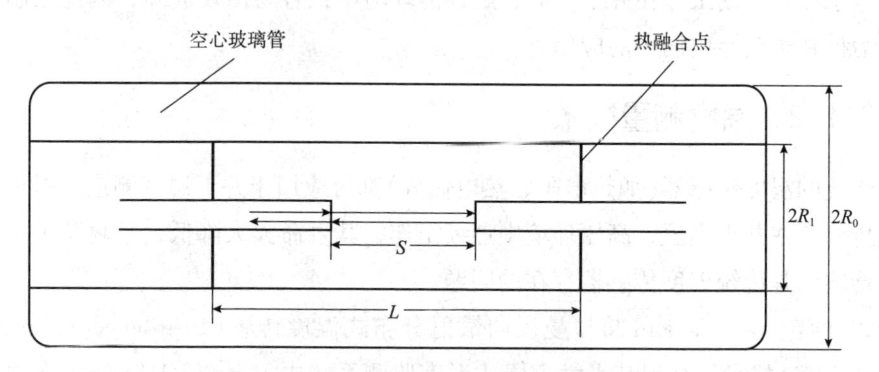

图 2.4 法布里 - 珀罗干涉仪传感结构示意图

图 2.4 中，在一个玻璃毛细管中放入两个光滑的光纤接头，光注入传感器的输入光纤中，沿光纤传播直到尾部，由于反射系数不同，在第一个光纤接头返回约 4% 的能量，剩余 96% 的能量透过空气腔，其中 4% 的能量被第二个光纤接头反射回来。第二个反射波透过空气腔进入第一个光纤，与第一次反射光叠加。如果两束

光满足干涉条件，则传感器输出的强度取决于两次反射的相位差。当相位相同的时候，则输出加强；反之，则输出降低。因此，输出光强的是路径(2 倍干涉腔长)变化的函数。然而，如果路径长度的变化大于一个波长的时候，输出产生一个周期性的变化。在每个周期的波峰或波谷将会产生错误的解释，因此需要相应的算法，产生一个正比于压力变化的函数表达式。这些技术包括：计算输出的波峰个数，使用多个波长的光波测量。

当腔长变化的时候将引起两束光的相位差的变化，也就是说对光的相位进行了调制，通过对相位解调可以得到腔长变化，如果能建立腔长与外加压力的关系，就可以通过对相位的解调得到压力的信息。

2. 井下电子压力计测压技术

电子式压力传感器在井下压力监测中仍占据主导地位，大多数电子式压力传感器都以石英或者硅蓝宝石晶体为核心部件，这是因为晶体结构和特性的稳定性较好，相比于其他应变材料，用石英或硅蓝宝石晶体制作的压力传感器精度可以达到 0.1 级甚至更高，温度漂移量和年漂移量累计小于 5%，基本上能够满足井下测量的精度要求。井下电子压力计测压系统一般包括三部分：地面记录仪、电子传感器和单芯电缆。地面记录仪是一种便携式动力源，提供传感器的动力并且记录井下传感器传输上来的信号。单芯电缆传送动力到井下传感器，并将有关信号传输到地面记录仪。该信号以模拟/数字方式被记录，压力、温度可连续或以一定间隔被记录。由于电子元件长期工作在井下高温、腐蚀的环境中，容易出现故障，因此限制了电子压力计在永久性监测中的应用。

2.1.2 温度测量技术

传统的温度传感器(如热电阻、热电偶等)都可应用于井下温度测量，但传统的温度传感器在井下高温、高压环境中连续工作，其寿命大大降低，且封装工艺和数据的传输也是传统温度传感器存在的问题。

2001 年，Weatherford 将拉曼反向散射分布式温度传感(Distributed Temperature Senser, DTS)技术结合到其光学永置式温度监测系统中。至今，DTS 技术在油气田生产中得到广泛的应用。

分布式光纤温度传感器的测量基础是温度对光散射系数的影响，通过检测外界温度分布于光纤上的扰动信息来获取温度的信息，实现分布式温度测量，测量的技术基础是光时域后向散射 OTDR(Optic Time Domain Reflector)技术。分布式传感器示意如图 2.5 所示。

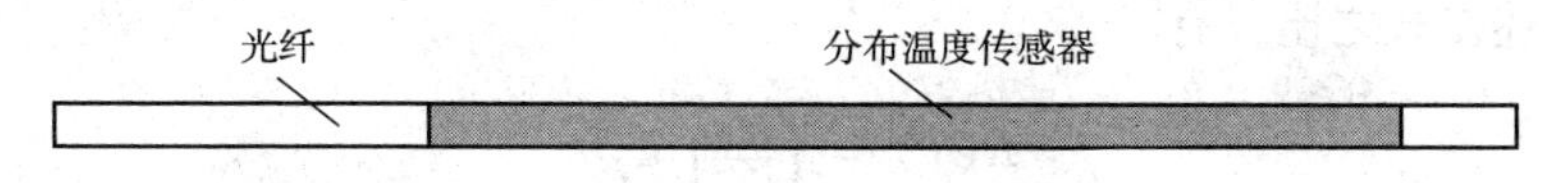

图 2.5 分布温度传感器示意图

1. 拉曼散射原理

微观世界中任何分子和原子都在不停地运动，光纤的分子和原子也不例外，存在着分子振动。激光脉冲在光纤中传输的过程中与光纤分子相互作用，发生多种形式的散射，有瑞利散射、布里渊散射和拉曼散射。光纤分布测温原理依据背向拉曼散射的温度效应。

泵浦光通过光纤分子时打破了分子振动原有的平衡，振动分子将与之发生能量交换。当产生光子的能量小于泵浦光子的能量(分子振荡吸收泵浦光子的能量)时，称为斯托克斯散射。当产生光子的能量大于泵浦光子的能量(分子振荡的能量传给光子)时，称为反斯托克斯散射。斯托克斯散射和反斯托克斯散射统称为拉曼散射。散射光谱如图 2.6 所示。

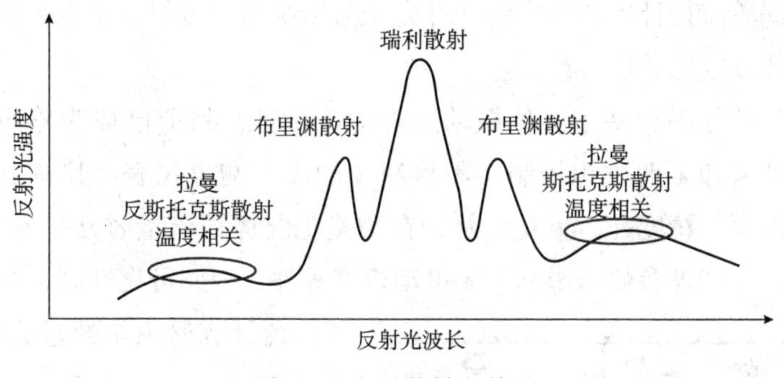

图 2.6 光纤散射光谱图

2. 泵浦光对拉曼散射的影响

拉曼散射是由泵浦光子与光纤分子相互作用产生的，当泵浦光的强度小于阈值时，拉曼散射光与泵浦光成正比，这种拉曼散射叫作自发拉曼散射。自发拉曼散射光中的反斯托克斯散射光强度受温度调制，而斯托克斯散射光基本上与温度无关，两者比值只与散射区温度有关。

反斯托克斯光强、斯托克斯光强分别为：

$$i_{as} = \frac{N_0}{\gamma_{as}^4 \exp(e^{\frac{hc\Delta\gamma}{kT}} - 1)}, \quad i_s = \frac{N_0}{\gamma_s^4 \exp(1 - e^{-\frac{hc\Delta\gamma}{kT}})} \tag{2.7}$$

式中，N_0与光纤所处环境温度无关，取决于光纤特性、入射光强等。

取上述二式之比，有

$$R(T) = \left(\frac{\gamma_s}{\gamma_{as}}\right)^4 e^{-\frac{hc\Delta\gamma}{kT}} \tag{2.8}$$

考虑到光在光纤中传输存在着诸如光源功率不稳、光纤的传输损耗、光纤弯曲造成的传输损耗等非温度因素对反斯托克斯光强的影响，在分布式光纤温度传感器中，取反斯托克斯与斯托克斯光强的比值作温度的传感信号而不单纯地取反斯托克斯光强作温敏信号，式(2.8)是分布式光纤温度传感器最根本的理论依据。

2.1.3　多相流测量技术

随着光纤技术的发展，出现了新型的光纤流量测量技术。井下光纤流量计可以对流动液体进行两种基本测量，即体积流速和混合液体的声波速度测量。根据测量温度和压力下单相流体的密度和声波速度就可以确定两相系统中的某一相流体的流量。

目前，光纤流量计包括光纤光栅涡街流量计、光纤质量流量计、光纤涡街流量计以及光纤涡轮流量计等。其中将光纤光栅与传统涡街流量计结合形成的光纤光栅涡街流量计比较成熟，已有产品。

涡街流量计是一种基于流体振动原理的流量计，目前已成为管道中液体、气体、蒸汽的计量和工业过程控制中不可缺少的流量测量仪表。其特点是压力损失小，量程范围大，精度高，重复性好，在测量工况体积流量时几乎不受流体密度、压力、温度、黏度等参数的影响，无可动机械零件，因此可靠性高，维护量小。

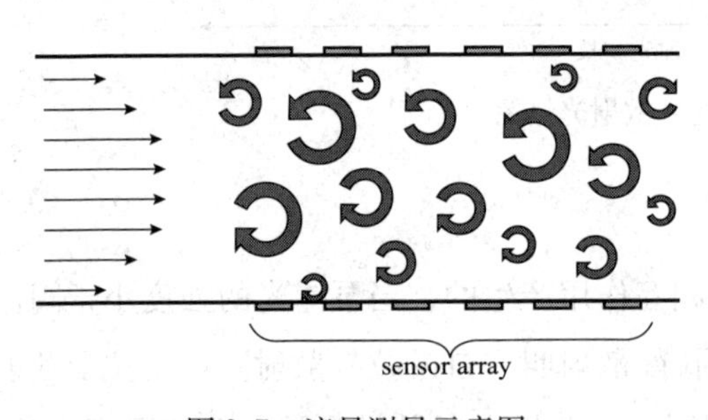

图 2.7　流量测量示意图

流体在管道中经过旋涡发生体后，产生漩涡，如图 2.7 所示。这些漩涡在沿着管子向前行进时，就会产生以声速向前传播的声波。

流体的速度是通过记录湍流压力获得的。光纤流量计采用相关分析法确定混合流体的体积流速。相关分析法基于对流体随时间变化沿轴向移动特性进行测量。在理想状态下，下游传感器测得的信号与上游传感器所测信号有一个时差，通过确定沿轴向变化的信号间的时差，可以得出流体的体积流速，进而可以推导出体积流量。与对流压力扰动测量进行相关对比的结果表明，该装置同样可以用于单相流体及充分混合的多相流体。

2.1.4 声波速度测量技术

为测量混合流体的声速，井下多相流量计采用不稳定压力测量方式，通过一组光纤光栅“监听”采油时油管中产生的噪声的传播。这些噪声可能来自与采油有关的各个方面，包括：通过射孔孔道和井下节流阀时流体的流动、气泡的分离、电潜泵和气举阀的动作，因此不需要人工噪声源。不稳定压力的测量是由仪器上多处分布的、具有足够间距与时间分辨率的测点提供的，由此确定产出液的声速。图 2.8 是获得流速和声速数据处理过程。

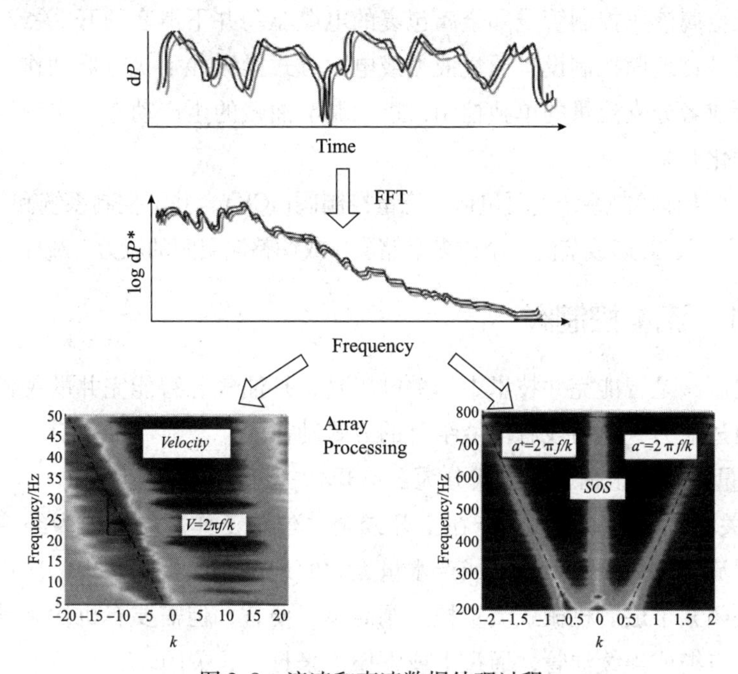

图 2.8　流速和声速数据处理过程

2.1.5 地震测量技术

Weatherford 公司的 Clarion™地震系统是一种多通道光学传感系统，能可靠地、永久性地用于井间地震监测，并能与 Clarion™光学地震加速度检波器相兼容，将先进的光学多道传输与高性能地震记录结合在一起，可与绝大多数地震采集系统相对接。地震阵列数量最多可达到 16 站，最大阵列长度为 1000m；Clarion™光学地震加速度检波器的带宽范围为 1 ~ 800Hz，采用 1C 或 3C 传感器结构，灵敏度一般情况下为 1%，最大工作温度 175℃，最大工作压力 100MPa。

2.2 井下生产流体控制系统

智能完井关键技术主要包括井下生产流体控制系统，井下信息监测系统，井下数据传输系统，地面数据采集、分析处理与反馈系统，智能完井生产优化控制系统。目前，油藏生产动态控制主要是利用井下节流技术来实现对层段或分支流量的控制。常见的井下执行器有井下可调油嘴/节流器和井下流量控制阀(ICV)，井下层间流体控制主要采用液力、电力、电液结合(电动控制结合液力驱动)，三种方式通过小直径金属液压控制管线和金属包裹的电缆驱动井下滑套的开/关或无级调节。其工作原理是：地面控制设备通过液力或电力方式操纵井下执行器动作，实现对不同生产层段或者分支流量的单独控制，进而调节油藏的生产动态，实现油藏实时控制与生产优化开采。

井下生产流体控制系统主要包括：流量控制阀(ICV)、井下控制系统和封隔器。其主要用途是关闭、开启或节流一个或多个储层，或调整储层间的压力、流体流速等。

2.2.1 流量控制阀

流量控制阀是智能完井技术中的关键工具，是油气井智能完井的关键组件。流量控制阀通过液力、电力或者电液结合的方式动作。

(1)流量控制阀根据节流方式分为：单开/关型和多级节流型。

单开/关型流量控制阀：只能在全开或全关位置工作。通常因为经济原因应用于关闭地层流体或关闭枯竭地层或产水量太大的地层；在多层井中，应用于调控某层生产或关闭某个层。机械式流量控制阀简单、便宜，但需要有机构来动作，即必须在井内下电缆或连续油管，通过上或下振击来打开、关闭。

多级型流量控制阀：又叫多级节流阀或多级流量控制阀，可以精确调节开口大小或节流面积。多级流量控制阀可以用来在两个或多个储层间调控压力与均衡产量剖面，也应用于压裂操作时来调控流入井内液体的注入流量，且多级流量控制阀结构上比单开/关型流量控制阀复杂一些。

(2)流量控制阀根据驱动方式分为：液力型和电力型。

液力型流量控制阀：与常规滑套不同，并不是采用机械方式开启，而是采用液力驱动方式开启或关闭，带有液力推动的活塞。活塞运动带动滑套移动开启或关闭流体节流阀套的节流孔，以此来控制产层的进液量。并且，通过液压管线连接到地面，可以在地面遥控流量控制阀的开启程度。

电力型滑套：采用小型电机作为流量控制阀的驱动力来源，由电机与减速器连接，减速器与滑套连接，减速器将电机的转矩转变为驱动滑套线性移动的推力，可以实现无级开度调节与滑套位移的精确定位。

目前用于智能完井的流量控制阀，一般是永久式滑套，涉及多项关键技术。如无弹性体的金属-金属密封技术、滑套开/关技术、控制管线穿越技术、防腐蚀材料等。

2.2.2 井下控制系统

井下控制系统是实现油藏动态实时控制的关键部分之一。目前，国外井下控制系统中采用液力、电力、电液结合(电动控制、液力驱动)三种方式。

依据文献所讲，最早的井下流体控制利用 electric lines 从地面到井下 ICV，这就意味着 ICV 可利用纯机械方法(例如球阀驱动、线圈驱动、电磁阀等)或者电机和液压泵。这些设计必须考虑到可靠性问题。对于井下电气设备，一个很小的泄漏也会导致 TEC 电缆短路甚至破坏整个电子系统；在极端的井下环境下，电气装备的可靠性问题及高成本成为设计中面临的一个巨大考验。因此，控制系统趋向于简单可靠的液压控制方式。目前 Baker Hughes 已开发研制出全电子控制井下操作系统。

国外 Halliburton 等石油公司智能完井井下控制系统性能指标如表 2.2 所示。从表中可以得出，Halliburton 的控制系统无论是在控制层段数量、所用控制管线数量，还是在提供的节流状态方面都具有无可比拟的技术优势，同时 Baker Hughes 的电驱动 InCharge 系统更是以后智能完井发展的一个方向。

表 2.2 井下控制系统性能指标对比

<table>
<tr><th>产品</th><th>公司</th><th>控制方式</th><th>控制层段数</th><th>控制管线数量</th><th>节流状态</th></tr>
<tr><td>SCRAM</td><td rowspan="5">Halliburton</td><td>电驱动/液压</td><td>多个层段</td><td>1 条液压管线和 1 条电力控制管线</td><td>多级型</td></tr>
<tr><td>Digital Hydraulics</td><td>液压</td><td>最多达 6 层</td><td>3 条液压控制管线和 1 条信号线</td><td>单开/关多级型</td></tr>
<tr><td>Direct Hydraulics</td><td rowspan="3">液压</td><td>多个层段</td><td>每个 ICV 使用一条打开控制管线，所有 ICV 共用一条关闭控制管线</td><td>单开/关多级型</td></tr>
<tr><td>Mini Hydraulics</td><td>多个层段</td><td>每个 ICV 采用一条控制管线</td><td>单开/关</td></tr>
<tr><td>Accu-Pulse™</td><td>1 个层段</td><td>每个 ICV 使用一条打开控制管线、一条关闭控制管线</td><td>多级型</td></tr>
</table>

续表

产品	公司	控制方式	控制层段数	控制管线数量	节流状态
InForce	Baker Hughes	液压	1~3个层段	每个ICV需要2条液压控制管线	全开、全关和6个节流位置
InCharge		电驱动	12个层段，井数最多可达12口	1条电缆	无级调节流器提供多个节流状态
TRFC-E	Schlumberger	电驱动	1个层段	1条控制管线	利用分度器提供11个节流状态
TRFC-HN AP		液压	多个层段	2条控制管线	利用分度器提供11个节流状态
WRFC-H			1个层段	1条控制管线	利用分度器提供6个节流状态
TLFC-H			2个层段	1条控制管线	利用分度器提供11个节流状态
Simple Intelligent	Weatherford	液压	多个层段	3根光纤	单开/关

2.2.3 封隔器

封隔器是建立油管与地层间分隔的必备工具，已有多年的历史。由于油管封隔器发展较早，也很成熟，智能完井用的油管封隔器除了设计有传输线/控制线通过的贯穿孔以外，与常规完井时所使用的封隔器没有本质区别。

封隔器按操作方式分为机械式和液压式两种。随着智能完井技术的发展和需求，封隔器逐步向液压式发展，并且逐步用控制管线来代替油管内、外压差操作坐封。

随着封隔器技术的发展，目前已开始将遇油气膨胀封隔器用在智能完井技术中。因遇油气膨胀封隔器具有自愈合能力，控制管线/传输线可无间隙通过封隔器，从而可大幅度地提高智能完井技术的可靠性。

遇油气膨胀套管外封隔器可以辅助增强水泥环对地层的封隔，或者直接代替水泥环对套管与地层之间的环空进行封隔。这种封隔器的橡胶具有自愈合能力，可将智能完井中的控制管线、传输线预先埋入封隔器胶筒中而不需要切割、连接，这样既节省时间又增加系统的稳定性。

遇油气或水膨胀封隔器是将一种特殊的可膨胀橡胶材料直接硫化在套管壁上，其结构如图2.9所示。遇油气或水膨胀封隔器的工作原理为：封隔器下入井底预定位置后，遇到油气或水，可膨胀的橡胶即可快速膨胀，橡胶膨胀至井壁位置后继续膨胀而产生接触应力，从而达到密封的效果。可膨胀橡胶是一种置于特殊液体里就会膨胀的弹性材料，其原理是橡胶材料吸收了适量的液体引起体积增大，体积增大可超过6倍。

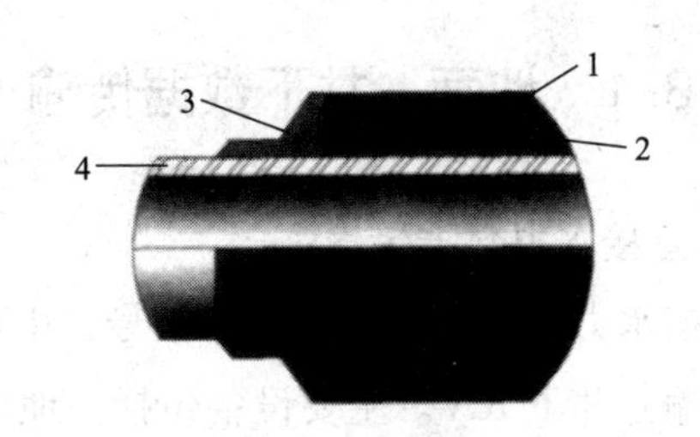

图2.9 遇油气膨胀式封隔器结构示意图
1—保护层；2—高速膨胀橡胶层；3—端环；4—基管

2.3 井下数据传输系统

井下数据传输系统是连接井下工具与地面计算机的纽带。这种传输系统能将井下数据和地面控制信号，通过永久安装的井下电缆中专用的双绞线或单芯电缆，在井下与地面间建立数据双向传输，即使在有井下电潜泵的情况下，也不会对所传输的数据信号产生影响。

井下各种传感器采集的数据通过数据传输系统传送到地面的控制设备中，数据传输系统的设计需要注意以下几点：

(1)可靠性，数据传输过程中需要做到抗干扰、降低信号衰减速度等；

(2)实时性，数据传输的过程中需要确定一定的传输带宽、波特率等参数，确保信号上传下达传输的快速性；

(3)满足远距离通信的要求，井下传感器采集的数据传到地面需要5~10km的传输距离，数据在这个距离内必须做到有效传输；

(4)低成本和安装维护方便性。

目前，智能完井井下监测数据通信方式主要以电缆传输和光纤传输为主，某些公司正在研发井下无线传输方式。井下数据传输系统通常由专用双绞线、电缆、液压控制管线、光纤、电缆/管线保护装置等组成。

井下数据传输系统关系到整个智能完井技术的可靠性和稳定性，为了使系统中的液压管线、光缆、电缆等在下入和使用过程中不被损坏，提高系统的安全性和可靠性，将这些线缆封装在一起是现今智能完井技术采用的方法。因为油气井下的环境复杂，对于传输和连通系统的材质选择和保护装置的研究非常重要。另外，减少优化液压管线/传输线的数量也是这一部分非常关键的内容。

2.3.1 地面—井下数据传输

1. 直接水力数据传输

直接水力传输的是液压压力信号，由地面压力控制设备发出信号，经液力传输管线传输到井下 ICV。主要设备包括：地面液压产生设备、地面压力控制设备、液力传输管线、液力传输管线连接头、井下 ICV。

2. 数字水力数据传输

数字水力系统采用水力编码的方式传递液力和控制信号(水力压力编码)，经水力解码器解码后使得相应的井下 ICV 动作。主要由地面液压产生设备、地面压力控制系统、液力传输管线、液力传输管线连接头、井下 ICV 设备、井下水力解码器等设备组成。

3. 电液结合数据传输

电液智能系统(SmartPlex™ Downhole Control System)为电动控制、液力驱动的多节点电液系统，其中 1 根为电缆(信号线和动力线合用)，既传送控制信号，也传送电动力，其余 2 根为液力线。主要设备有：地面设备、控制线及接头、液力传输管线及接头、井下电液智能执行器模块。

4. 全电动数据传输

全电动数据传输将动力传输、指令和控制、数据传递等汇合在一根 1/4in 控制电缆中。主要设备有：电缆及接头、井口接口单元、井下智能生产调节器 IPR。

2.3.2 井下—地面数据传输

井下参数监测有电子传感测量方式和光纤传感测量方式两种，因此数据传输也分为两种方式。

1. 电子传感传输

井下参数的传输采用通信总线传输，其基本原理是：由永久性井下传感器(PDG)节点的微处理器将所测量的压力、温度信号或文丘里管流量测量的差压信号和压力信号转换为数字形式，然后通过通信总线传输到井口的 PDG 接口模块，由接口模块进行通信协议转换后，以 RS485、RS232 或 CAN(Controller Area Network，控制器局域网)总线方式传输至地面的数据采集计算机。该 PDG 接口模块也可以是操作计算机的内置模块。

CAN是一种支持分布式控制或实时控制的串行通信网络，采用总线型串行数据通信协议，通信介质可以是双绞线、同轴电缆等，通信速率可达1Mbps。CAN的直接通信距离最远可达10km(速率在5kbps以下)；CAN的通信速率与其通信距离呈线性关系。CAN上的节点数主要取决于物理总线的驱动电路，节点数可达110个。因此，其传输距离与传输速率能够满足智能完井技术的数据采集与井下状况监测的要求。

2. 光纤传感传输

井下参数测量采用光纤压力、温度传感器，数据传输(信号传输)采用光纤光缆传输。这种分布式光纤传感器是将呈一定空间分布的、具有相同调制类型的光纤传感器耦合到一根或多根光纤总线上，通过寻址、解调，检测出被测变量的大小与空间分布，其中光纤总线只起传输光的作用。根据寻址方式的不同，可以分为时分复用、波分复用、偏分复用、空分复用等几类，其中时分复用、波分复用、偏分复用、空分复用技术较成熟，多种不同类型的复用系统还可组成混合复用网络。

时分复用通过耦合与同一光纤总线上的传感器间的光程差来寻址，即光纤对光波的延迟效应。

波分复用通过光纤总线上各传感器调制信号的特征波长来寻址。

频分复用是将多个光源调制在不同频率上，经过各个独立的传感器后汇集在一根或多根光纤总线上，每个传感器的信息包含在总线信号中的对应频率分量上。

空分复用是将各传感器接收光纤的终端按空间位置编码，通过扫描结构控制选通开关选址。

总的来看，由于井下监测技术的发展，多传感器、多参数监测将成为未来的主要发展方向。在现有的无线传输、电缆传输和光纤传输技术中，为了高质量、高速度、大容量地将采集的数据实时传递到地面系统，多站式井下光纤通信技术将是一种最佳的选择。

2.4　地面数据采集、处理和管理系统

地面数据采集、处理和管理系统主要完成井下传感器采集并上传的信息，对没有经过处理的原始数据(通常这些数据在处理前是无法被识别或被正常使用的)进行解码、滤波、校正等处理，使其成为有效数据，并运用数据仓库和数据挖掘技术将地面采集的海量数据进行加工、集成、存储、管理和挖潜，为智能完井的生产优化、油气藏的智能管理等提供决策支持。

2.4.1 数字信号采集与处理系统

分布式井下传感器的多路信号通过传输媒介传到地面以后，需要同地面的信号采集和处理系统相连。信号采集与处理系统一般分为数据获取单元(硬件部分)和数据分析处理软件两个部分。

数据获取单元通常是由解码器、小型 CPU、电源、存储器、输入/输出接口等组成的，利用光电转换、滤波、拟合、估计、解码、校正、存储、多传感器数据融合等技术，将来源于井下传感器的信号转换为数字信息，并通过接口和通信协议将数据提交给远程服务器。

由于井下传感器测得的信号在上传过程中会受到外界不良因素的干扰，导致信号中混杂有噪声、异常点等，因此在信号转换过程中需要利用数据分析处理软件对信号进行清洁、消除异常点、数据降噪、数据简化、不稳定过程识别与预警、特征过滤等数据分析与处理。数字信号处理方法有数字滤波、经典谱估计、相关性分析等，常用算法主要有小波分析、傅里叶变换、HILBERT 空间正交分解、线性卷积、相关函数等。

在数据的特征分析方面，在 Cook 和 Beale 的研究方法中，首先将数据切割成多个窗口，然后以顺序方式独立分析数据，这种方法称为滑动数据窗口法。然而，滑动数据窗口法并不局限于数据窗口的独立分析，该方法进行修正后还可考虑以前窗口中的事件，这些事件将影响到后续窗口的分析结果，这对于分析长期监测的压力数据是非常有用的。

在数据降噪方面，Osman 和 Stewart 利用 Butterworth 数字滤波方法来移除数据中的噪声。在数据中没有奇异性存在，并且数据是在固定采样速度下以高频率采集的前提下，用小波分析方法来对压力数据进行降噪处理并确定压力数据中的瞬变过程。根据压力信息采集系统的设置和压力数据的特征，压力数据可在低频和高频下以变采样速度的方式进行数据采集。并且，在某些系统中，压力计预先设置成在固定时间间隔记录压力数据，或者设置成只有当压力变化超过预定阈值时才采集数据。因此，如何处理非均匀的采样数据以及如何确定奇异性是非常关键并有待进一步研究的问题。

在数据简化方面，当井下压力数据是以高频率记录的情况时，减小数据规模则成为数据处理亟待解决的又一个问题。Bernasconi 等人以小波变换为基础，研究基于小波的压缩算法来压缩钻井过程中的井下数据。该算法非常简单且非常有效，无需进行大幅度改动就能移植到现有井下设备的处理软件中。数据采集后，在个人计算机上就能完成数据压缩，并且用户可以决定重建信号的质量。对实际数据的大量模拟研究表明，对于大多数信号来讲，在不损失重要数据的情况下，压缩率可以达到1∶15。

张冰等人运用小波分析理论对含噪的压力、温度数据进行降噪，并利用正交实验法对小波阈值降噪条件组合进行优选；使用压力导数法划分压力变化的各个不同阶段，实现不稳定状态的识别，得到真实压力与温度数据的最优近似估计，并以此为基础，根据压力与温度变化的不同阶段用阈值和时间阈值对数据进行精简，为后续的优化控制和生产决策提供可靠的数据依据。

多传感器数据融合技术是近20年来发展起来的一门前沿数据处理技术，起源于美国国防部在军事领域的研究与应用，现在已经广泛运用于工业过程控制、自动目标识别、交通管制、遥感监测、图像处理、模式识别等领域，但在油气开采领域尤其是油藏监测重点应用非常少。多传感器数据融合(也称为信息融合)是指对来自单个或多个传感器(或信源)的信息或数据进行自动检测、关联、相关、估计和组合等多层次、多方面的处理，以获取对目标参数、特征、事件、行为等更加精确的描述和身份估计。与单传感器系统相比，多传感器数据融合技术能够充分利用不同时间和空间上的多个传感器数据资源，并依据某种准则将空间和时间上的冗余或互补信息组合起来，从而获得对被测对象的一致性解释与描述，进而实现相应的决策和估计。

多传感器数据融合的常用方法可以概括为随机和人工智能两大类。随机类方法有加权平均法、卡尔曼滤波法、多贝叶斯估计法、D－S证据推理法等；人工智能方法包括模糊逻辑理论、神经网络、粗糙集理论、专家系统等。

通过永久性井下传感器得到的大量的、连续的压力、温度、流量、油藏物性等参数以及这些参数的分布位置，而这些参数之间也具有较大的相关性，因此，通过多传感器数据融合技术，可以对采集到的数据进行多方位分析、关联、校正、估计，同时准确判断出传感器的工作状态，大大提高采集数据的质量、监测系统的精度和可靠性。

有效的数据处理可以提高数据分辨率，增大传感器系统适用性，可以对原始数据进行纠偏和校正，因此数据处理在测量系统中的作用越来越重要。

2.4.2 地面数据管理与数据挖掘技术

数据在油气生产决策中至关重要，它所提供的有效信息能够减少油气勘探和开发过程中的风险。因此，如何管理并有效利用从井下采集的海量数据，已成为油井实时管理与优化的一个新挑战。

数据仓库和数据挖掘技术能够为地面海量数据的加工与管理、智能完井生产优化等提供可靠的数据依据和决策支持。

数据仓库(Data Warehouse)是一个面向主题的、集成的、相对稳定的、反映历史变化的数据集合，用于支持管理决策。来自不同数据源或数据库的海量数据经加工后在数据仓库中存储、提取和维护。数据仓库主要面向复杂数据分析和高层决策支持。它能提供来自不同应用系统的集成化和历史化数据，为相关部门和企业进行全局范围的战略决策和长期趋势分析提供有效的数据支持。

基于数据仓库的决策支持系统由三个部分组成：数据仓库技术、联机分析处理技术和数据挖掘技术，其中数据仓库技术是系统的核心。数据挖掘(Data Mining)，也称为数据库中的知识发现(Knowledge Discovery in Database，KDD)，是通过分析每个数据，从大量数据中寻找其规律的技术，主要有数据准备、规律寻找和规律表示三个步骤。数据准备是从相关的数据源中选取所需的数据并整合成用于数据挖掘的数据集；规律寻找是用某种方法将数据集所含的规律找出来；规律表示是尽可能以用户可理解的方式(如可视化)将找出的规律表示出来。数据挖掘的任务有关联分析、聚类分析、分类分析、异常分析、特异群组分析和演变分析等。数据挖掘的分析方法有分类、估计、预测、相关性分组或关联规则、聚类、描述和可视化、复杂数据类型挖掘等。

2.5 智能完井生产优化技术

2.5.1 优化方法概述

智能完井投入生产后，通过控制流量控制阀打开程度来优化油藏生产动态，从而实现其采收率(或净现值)最大化的目标。智能完井监测系统得到的数据，经过传输、采集、处理后，结合预测的油藏模型和油井模型，运用特定的优化算法对井下智能调节阀的开度进行优化计算，从而预先确定控制阀打开程度，在生产早期采取措施来减轻油井可能出现的问题。

目前，国内外学者主要采用确定性算法和随机性算法两种优化算法。确定性算法(如共轭梯度法、拟牛顿法、高斯－牛顿算法等)利用目标函数的梯度进行寻优计算，速度较快，但是不能保证得到全局最优值。随机性算法(如遗传算法、模拟退火算法等)利用非线性函数预测进行寻优，可以得到全局最优值，但是速度非常慢。

二者各有其优点，也各有其局限性，具体应用过程中，要以简单、实用、有效为原则合理地选取。

1. 单井智能完井生产优化

Ebadi 和 Davies 提出根据优化时机不同将智能完井生产优化分为两大类：被动生产优化和主动生产优化。

(1)被动生产优化

被动生产优化是指当油藏水体突破时，根据各层段不同含水率，通过关闭或调节最大含水率层段的产量，实现降低产水量的控制方法。

2003 年，Yeten 等人采用非线性共轭梯度法来用于智能完井生产优化，设计五个模型来模拟比较多分支井在传统完井方式和智能完井方式下的累计产油量，结果表明，智能完井明显提高了累计产油量。

2014 年，Amadi Ijioma 和 Matthew Jackson 开发了一种闭环反馈控制策略，在这种闭环反馈控制策略中，流量控制阀的开度设置与井下监测数据有着直接关系，可以通过控制流量控制阀的开度设置直接量化得到油井的净现值。

2016 年，张宁生与王金龙等人通过分析多层合采智能井流入动态理论提出绘制双层合采智能井流入动态曲线方法。通过分析双层合采智能井流入动态曲线优化调控各层产量，提高油井总产油量，较常规井产油量提高了 27%，双层合采智能井流入动态曲线如图 2.10 所示。

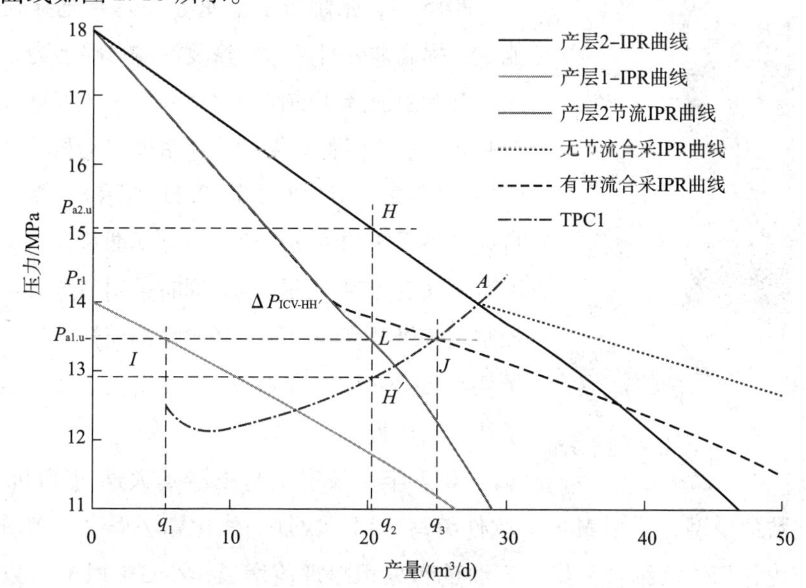

图 2.10 双层合采智能井流入动态曲线

(2)主动生产优化

主动生产优化是指在油井出现高含水或高气油比问题之前，制定一套井下流量控制阀在整个生产周期内的调整开采方案，从而控制入侵流体前缘动态，推迟水体或气体突破，提高水驱替效率的控制方法。

2004 年，Aitokhueli 采用智能完井实时优化方法，将油藏自动历史拟合、油藏数值模拟预测及井下实时控制结合在一起。该方法利用井下传感器实时获取的数据，利用集合卡尔曼滤波方法进行油藏自动历史拟合，从而更新油藏地质模型，通过结合油藏数值模拟器和非线性共轭梯度优化算法来决策最佳井下控制阀的生产方案。

2012 年，Sampaio 等人为解决主动优化存在的大维度优化收敛问题，采用快速遗传算法对智能完井生产优化进行研究，该算法在解决多变量优化问题时展现较好的高效性，适用于连续变量和离散变量。在非均质油田模型中，净现值提高 3.7%，增加了产油量，降低了产水量。

2014 年，Carvajal 等人为智能完井专门设计了一套自动优化控制工作流程，该工作流程以两种方式运行：主动模式和被动模式。短期被动控制方案采用多岛遗传算法，同时利用自适应模拟退火算法优选各井段的产量配置。长期主动控制方案每个月获取一次数据，将得到的最优方案与被动控制方案对比，优选目标函数更高的方案。

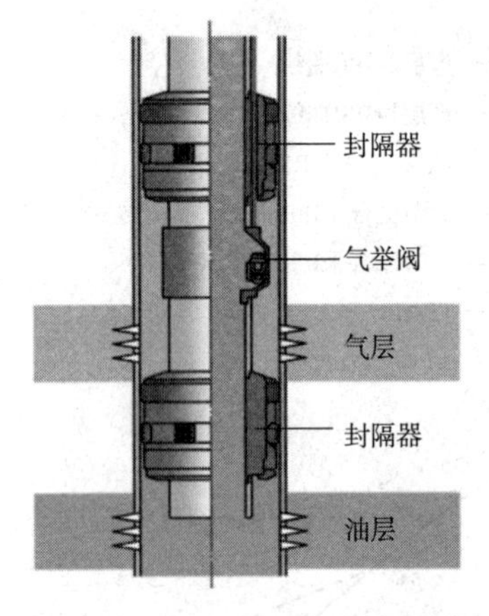

图 2.11　自动气举完井管柱示意图

2016 年，张娇与王金龙等人研究充分利用气层能量，提高油井日产量，恢复油井自喷能力，通过流入控制阀阻流降压的作用，将气顶气或气藏气注入生产井筒，从而降低井筒的流体密度，延长油井自喷时间(自动气举完井管柱如图 2.11 所示)；综合分析了自动气举系统的流动理论，研究了油藏含水率等敏感因素对注气点深度的影响，同时采用节点分析法设计控制阀各级开度的面积。经过案例模拟验证，油井产量从 120m^3/d 增加到 413m^3/d，增长了 2.4 倍，提高了油井的产量。

2017 年，张宁生与王浩等人通过 Eclipse 构建智能完井数值模型，采用 Matlab 软件编写序列二次规划优化算法程序，实现油藏数值模拟与优化算法相结合，累积产油量和累积净现值增长至少 5% 以上，累积产水量下降 8% 左右，智能完井和常规井剩余油饱和度对比如图 2.12 所示。

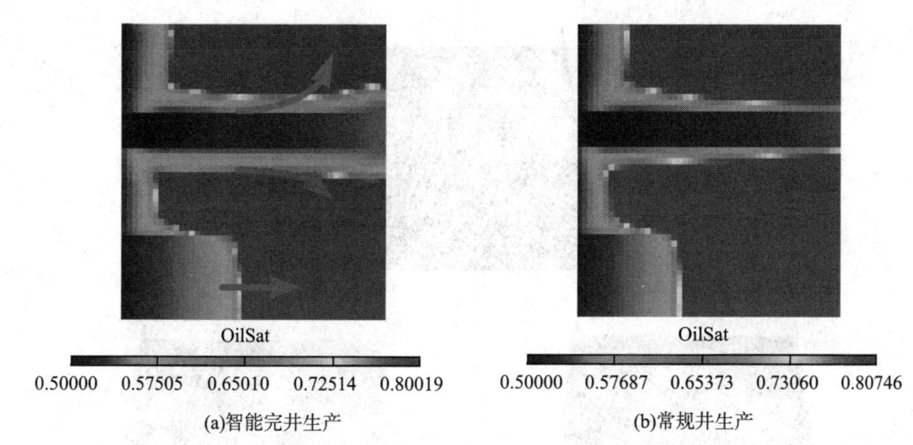

(a)智能完井生产　　(b)常规井生产

图 2.12　智能井和常规井剩余油饱和度对比

2018 年，Osho 等人采用迭代模式搜索算法与遗传算法相结合优化流入控制阀的设置对多层合采智能完井进行生产优化。第一步，使用离散遗传算法提供可行区域的全局搜索；第二步，提供围绕现有解决方案的局部搜索。为了解释储层不确定性，自动对多种历史匹配的储层模型进行优化。结果表明，在该油田的剩余寿命期间，预测油藏的采收率可以得到明显提高。

2. 智能完井优化注水

2006 年，Alhuthali 和 Oyerinde 等人采用最优化理论、净现值与数值模拟技术相结合的方法对非均质油藏智能注水完井调控水驱前缘与水线分布进行了研究，并且取得了良好的研究效果。模拟结果显示：采用常规分层注水，生产仅 350d 后采油井中间层段见水，采收率仅为 48%，如图 2.13(a)所示；采用智能分层注水开发同样油藏，生产 575d 后所有的层段才见水，采收率提高到 80%，注水波及效率要远大于常规分层段注水开发，如图 2.13(b)所示。Alhuthali 和 Oyerinde 等人在得克萨斯州西部某区块 31 口井进行现场验证，验证该理论的可行性。使用智能完井后，通过生产优化调控注水后，减少了该区块不必要的关井和钻加密井作业，降低了生产成本。

2012 年，王子健等人应用最优控制理论中的伴随法计算优化算法所需的梯度值，并结合序列二次规划法，将其运用到人工构造的水平注水开发模型中，制定最优的生产方案。研究结果表明，与传统的完井方式生产方案相比，智能井的生产方案可使累积产油量增加 22.2%，累积产水量下降 33.6%，净现值增加了 33.2%，优化前后对比如图 2.14 所示。

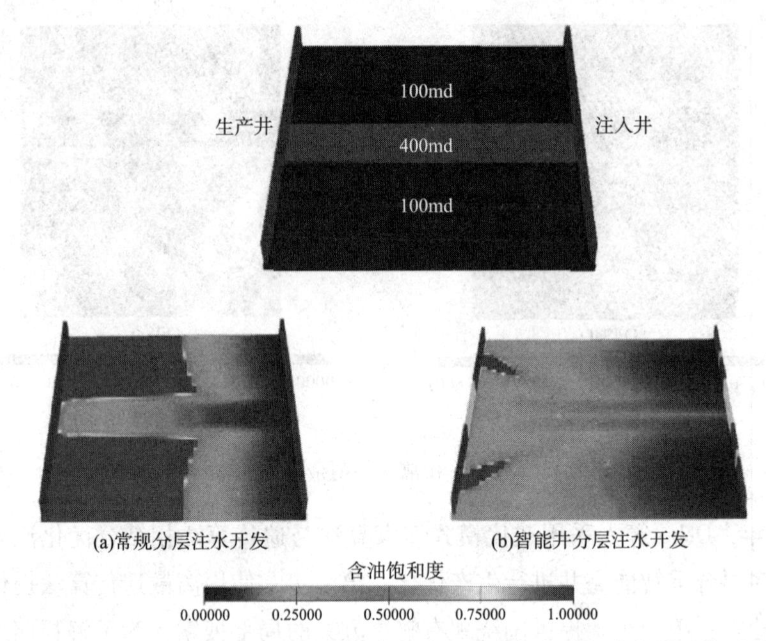

图 2.13　常规分层注水开发与智能完井分层注水开发层间非均质油藏对比

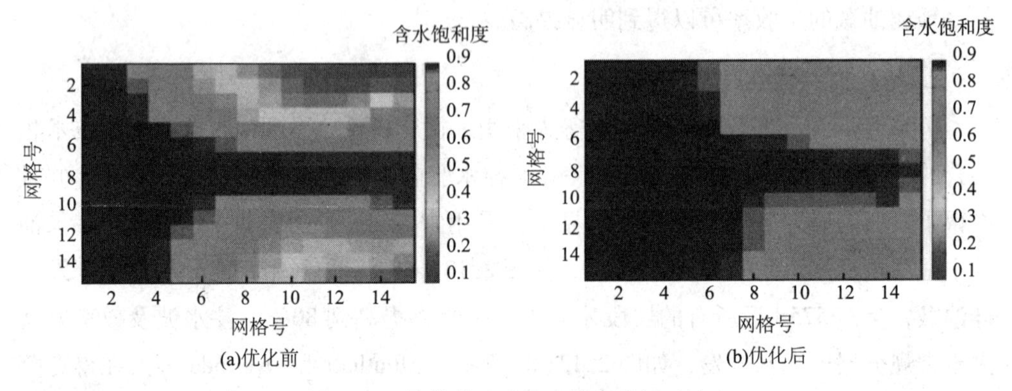

图 2.14　优化前、后含水饱和度场对比

3. 智能完井注采组合闭环生产优化

2012 年，Mogollón 和 Lokhandwala 等人将智能水平采油完井与智能水平注水完井应用在非均质性比较强的老油田上，通过调控注采水平井的各个流量控制阀，维持恒定的注入剖面与生产剖面，采油井产水得到了很好的控制，利用油藏模拟技术预测该生产方式生产 8 年后，油藏最终采收率可以提高 11.7%，注采组合系统与含油饱和度分布如图 2.15 与图 2.16 所示。从图 2.16 可以看出，使用智能完井优化注采水驱波及效率 90% 以上；常规水平井已经在高渗透层段快速见水，水驱波及效率

不足 20%，存在大片的死油区。

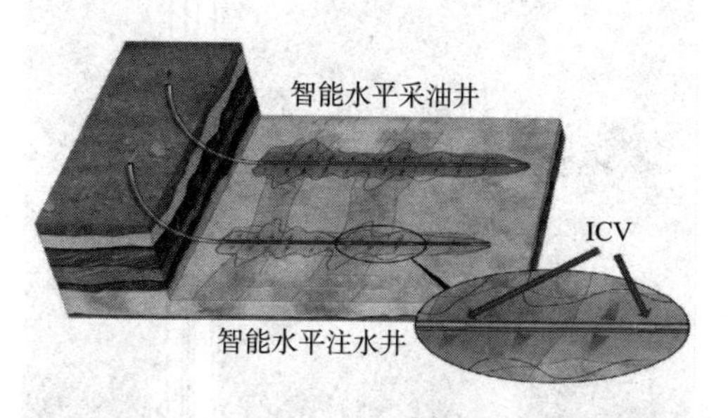

图 2.15 智能水平井注采组合系统示意图

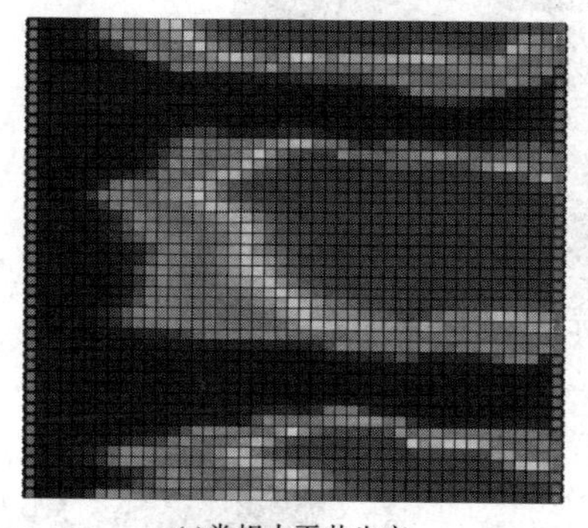

(a)常规水平井生产

(b)智能完井注采闭环生产优化

图 2.16 含油饱和度分布

4. 全油田智能完井生产优化

2008 年，哈利伯顿公司在尼日利亚海上 Agbami 油田安装了 7 口双层合采智能完井，实现全油田智能化。优化工作流程后，生产初期平均单井产量从 $795m^3/d$ 增加到 $1590m^3/d$。连续生产 2 年后上部产层含水率为 2%，产液量 $1212.3m^3/d$；下部产层生产无水原油 $878.8m^3/d$。通过使用智能完井技术优化油藏管理，免除修井等人工作业，全油田节省生产成本 7200 万美元。

2011 年，Khrulenko 与 Anatoly Zolotukhin 等人利用 3 口智能完井开发一个包含上、下两个油层的底水油藏，上、下油层中间有隔层。其中直井段安装一个流量控制阀开发上油层，水平段安装两个流量控制阀开发下油层，智能完井结构如图 2.17 所示，智能完井分布如图 2.18 所示。以最大净现值(Net Present Valve，NPV)为目标函数，以 Eclipse 油藏模拟软件根据实际油藏参数构建多智能井协调开发模型，采用直接搜索算法调控 3 口智能完井 9 个流量控制阀的开度组合决策最佳生产方案，与常规生产方式比较，采用多智能完井协调生产优化方式产油量增加 24%，净现值增加 13%，实现少井开发全油藏，降低生产成本的目标。

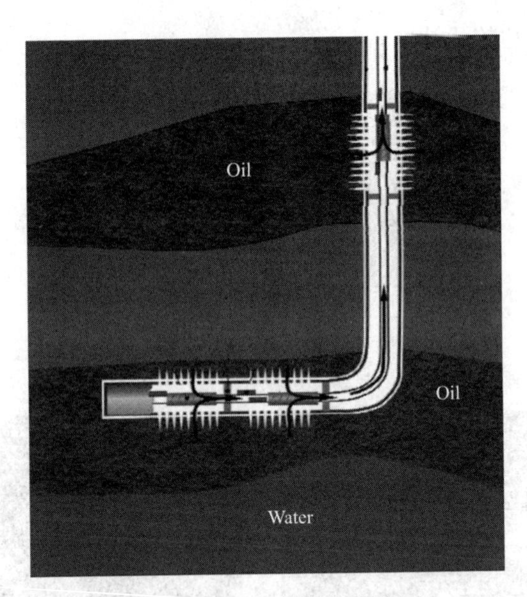

图 2.17　智能完井结构示意图

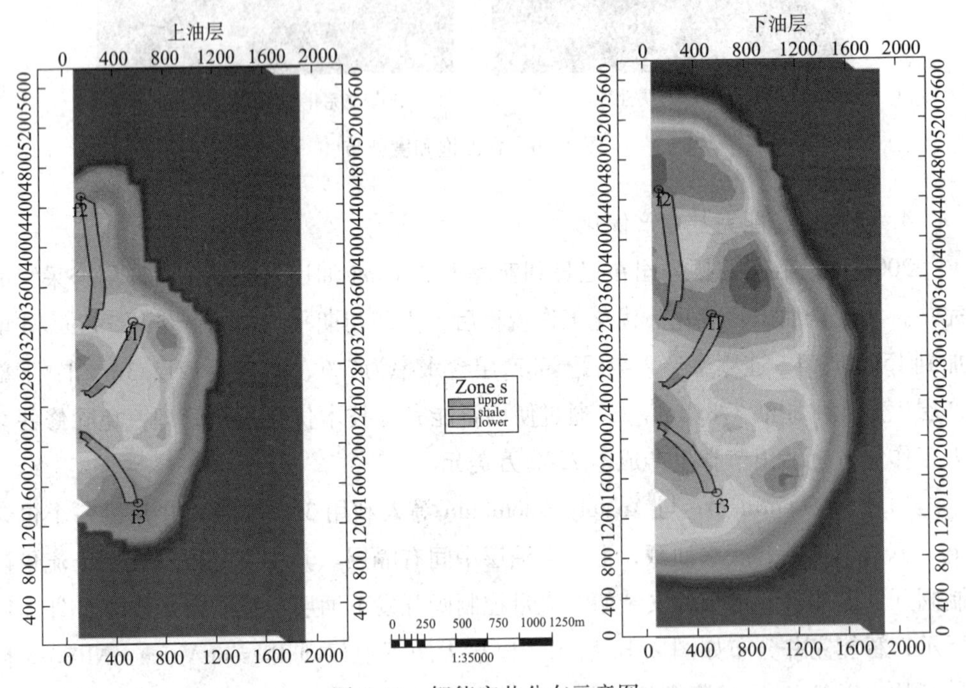

图 2.18　智能完井分布示意图

被动生产优化控制方法的优点是仅需要当前的生产数据，不需要去认识油藏的地质特征，因此不用去建立油藏模型，同时计算量小，容易实现，该方法是智能完井生产优化用得比较多的优化控制方法。但是，由于该方法无法有效地控制油水前缘的位置，当水平井见水后，水体会沿着井筒向其他层段流动，从而导致其他层段产水，此时只能相应地降低产水层段相邻层段的产量，延缓整个井筒水淹情况，因此，该方法具有较大的使用局限性。主动生产优化控制方法是在未见水之前就已经调控油水前缘的运动，所以相对于被动优化控制，主动优化控制方法可以获得更高的累计产油量、水驱波及效率与油藏采收率，因此，智能完井主动生产优化控制方法是现在智能完井生产优化的主流方向。通过对比分析发现，智能完井注采组合闭环生产优化方法比全油田智能完井生产优化开发油藏程度更高，因此，多个智能完井协调生产优化控制是智能油田的主要发展方向之一。

2.5.2 智能完井优化控制模型

1. 常规单层开采优化

Michael Konopczynski 利用 Vogel 流入动态关系(IPR)与油管动态曲线(TPC)对智能完井的井筒流入动态进行了节点分析研究。假设流经智能阀产生附加压降的大小正比于流经智能阀的流量，且井口油压在生产过程中保持不变，那么，当油井以最大产量进行生产时，智能阀是全部放开的，当流量减小时，流经智能阀的附加压降等于该流量下 IPR 曲线和 TPC 曲线的压力差，即

$$\Delta p_{\text{choke}} = \Delta p_{\text{IPR}} - \Delta p_{\text{TPC}} \tag{2.9}$$

基于以上假设，得到智能完井单层开采的流入动态曲线如图 2.19 所示。其中，*ABCDE* 曲线为计算得到的 TPC 曲线，其他 5 根曲线从左到右依次为智能阀开度为 20%、40%、60%、80%、100% 的 IPR 曲线。利用该方法，可以迅速得到最优配产下的智能阀控制参数。

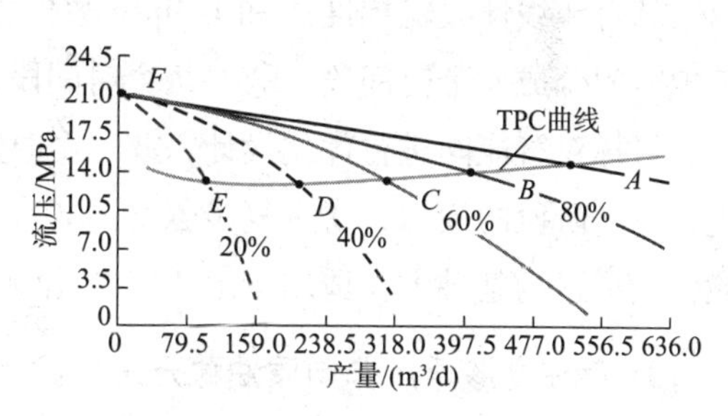

图 2.19 智能完井流入动态曲线

2. 多产层合采优化

(1) H Gai 利用油井流入动态关系和智能阀流入动态关系对多层合采的多分支智能完井进行了优化。智能阀放在分支与主井筒汇合处，如图 2.20 所示。优化步骤：①关闭下分支(s)，开采上分支(n)，利用分支处智能阀测不同流速下的两组流量数据，可求得地层压力 P_n；②改变智能阀的开度，对每一个开度进行单流量

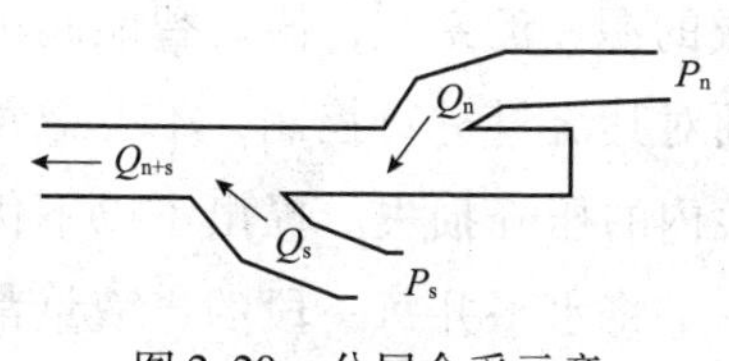

图 2.20 分层合采示意

测试，得到上分支的流入动态曲线；③关闭上分支(n)，开采下分支(s)，重复如上步骤，求得地层压力 P_s 和下分支的流入动态曲线。

在定产量生产的条件下，由于各分支含水不同，任意组合每一个分支中智能阀的开度，使产油量 Q_{n+s} 最大，该组合则为智能阀开度的最优组合。

(2)Burak Yeten 采用非线性共轭梯度法，通过调用 Eclipse 数值模拟软件，对多层油藏中智能完井的优化控制进行了研究。

非线性共轭梯度法可以用于求连续函数 $f(x)$ 的最小值，残差 r 设为梯度的负数：

$$r_k = -f'(x^k) \tag{2.10}$$

式中 k——循环次数，$k=0$ 代表初始设置值。

非线性共轭梯度法的应用过程为：

$d_0 = r_0 = -f'(x^0)$；寻找 a_k 使 $f(x_k + a_k d_k)$ 最小，$x_{k+1} = x_k + a_k d_k$，$r_{k+1} = -f'(x_{k+1})$，$d_{k+1} = r_{k+1} + \beta_{k+1} d_k$。

其中，$\beta_{k+1} = \max\left[\frac{(r_{k+1})^T(r_{k+1} - r_k)}{(r_k)^T r_k}, 0\right]$

通过非线性共轭梯度法，就把优化控制的问题描述为：$\max f(x_i)$。其中，f 代表目标函数(采收率或者净现值)；x_i 代表智能阀的开度，$0 \leqslant x_i \leqslant 1$。

结合非线性共轭梯度法和 Eclipse 数值模拟软件，提出了以下优化步骤：①将模拟时间分成 n 个时间段；②对每个时间段，以目标函数(采收率或者净现值)最大化为目标对智能阀进行优化设计；③一个时间段优化结束后，从该时间段末尾继续进行下一阶段的模拟；④重复步骤②、③直至整个优化过程结束。该方法建立在油藏精细描述的基础上，适用于地质资料比较完备的油田。

3. 存在高渗透层非均质油藏开采的优化

D. R. Brouwer 利用 IMEX 软件对存在高渗透层的非均质水驱油藏智能完井开发的优化控制进行了数值模拟研究。考虑 2 口水平井组成的水驱油藏，如图 2.21 所示，将每一口水平井都看作是多个水平段组成的源、汇系统，假设智能阀可以从地面对其流量进行控制，不考虑每一水平段内的压降损失。提出了以下优化步骤：①将水平井每一段的产液量都

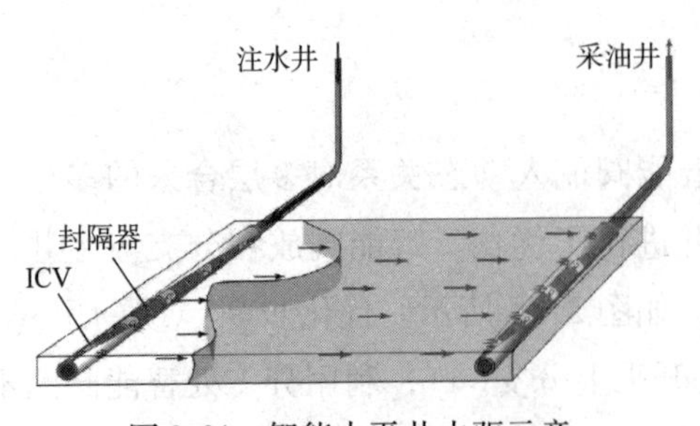

图 2.21　智能水平井水驱示意

设为一致；②利用模拟得到的每一段井底流压和流量来计算各水平段的采油指数；③进行数值模拟，记录模拟时间结束后的原油采收率；④可以采用两种方法对流入量剖面进行优化(第一种是将采油指数最大的井段关闭，把该井段的流量分配到采油指数最低的井段；第二种，只打开采油指数最低的井段，每循环一次，打开一个采油指数次低的井段)；⑤利用优化后每一井段的产液量作为初始输入参数，重新进行模拟；⑥如果模拟时间结束后的原油采收率优于之前的情况，就循环步骤④~⑥，直到找到最优的水平井沿程流量分配。

采用上述优化方法，D. R. Brouwer 对含有不同位置、宽度和走向的高渗透带的非均质油藏进行了优化模拟。结果表明，该优化方法能够大大提高原油采收率，减缓注入水沿高渗透带的突进速度。

4. 对于微裂缝油藏的生产优化

Eliana Arenas 和 Norbert Dolle 采用压力循环原理对智能完井在微裂缝油藏中的应用进行了优化研究。考虑存在一口水平注入井和一口水平生产井的二维微裂缝油藏，假设微裂缝穿透生产井和注水井，智能阀安装在注水井中，且只能调节其开启或闭合，从而控制沿裂缝的注水，如图 2.22 所示。

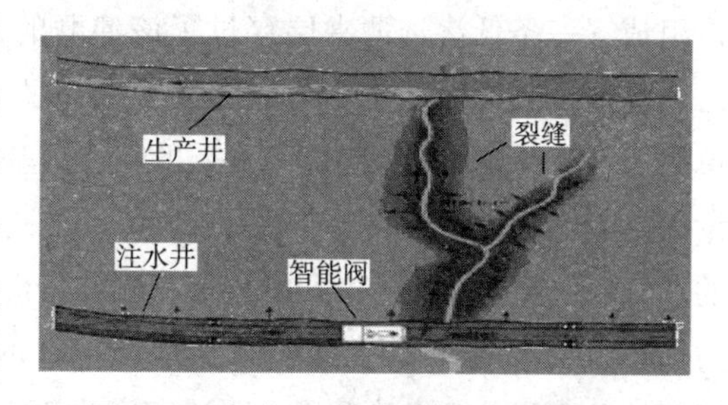

图 2.22 智能完井开采微裂缝油藏示意

压力循环原理是指当注入水沿裂缝迅速向生产井突破，生产井含水超过一定限度时，关闭智能阀，使注水井仅向基质注水。由于裂缝与基质之间存在压力差，裂缝中的注入水与基质中的原油会产生置换，使生产井的含水不断下降，当含水下降到一定程度后，重新打开智能阀。如此反复，直至达到最佳驱替效果。

Eliana Arenas 和 Norbert Dolle 利用数值模拟方法，分别对智能完井压力循环注水方式同常规注水方式、无注水方式和压力脉冲注水方式的开发效果进行了对比，并讨论了裂缝宽度、裂缝渗透率、基质渗透率、原油黏度、岩石润湿性和井距等敏感性因素对各种注水方式的影响。认为智能完井压力循环注水方式具有很大的优越性，基质渗透率和裂缝渗透率的差异越大，该注水方式开发效果越好。

2.5.3 智能完井生产优化的一个具体模拟过程

该优化方法在一定时间间隔内设置各产层的阀门位置，以此来优化目标函数(在该研究中即指总的油井产量)。7 个经周密考虑的阀门闭合位置表示可调的流量控制阀，2 种设置状态等价于流量控制阀的开/关。建立了一个三维油藏模型，其中包含 3 个被不渗透页岩隔层分割开的混合单元。这一优化方法被用于两个不同的例子。第一个例子是一个常规的完井系统，其中所有的油层在没有任何井下控制的情况下生产。第二个例子是一个利用可调节流量控制阀来控制各层产量的智能完井。智能完井例子的模拟结果同常规完井例子的结果相比多了原油产量增加的定量评价。对于这两个例子，智能完井开发计划比常规油田开发计划采收率提高了 63%，还可观察到稳产期的延长。最后，应用智能完井比常规完井系统表现出更好的波及形态。

1. 油藏和油井模型

该油藏位于近海水面大约 6700ft 以下，其平均净产层厚度为 400ft。大部分烃类聚集物发现于准备进行混合开采的 3 个产层。该油藏由一个发育良好的滨上砂岩构造组成，一条低渗透薄夹层穿过了该油藏的西南和东北部，砂岩层朝含水层恶化，已知的数据表明活跃水驱可能导致生产井过早见水。通常用于描述油藏构造的是简单的三维三层非均质模型，每一层的特性都基于已知井的近似分布，所有断层都被假设为封闭的，从而形成一个没有层间流动的高度分割的油藏。此处主要研究计划开发的油藏西南部的智能生产井的生产。测井分析表明，该油藏为未饱和油藏，其泡点压力估算为 4500lb/in^2，在参考深度为 16000ft 时，其原始地层压力为 7040lb/in^2。根据修正的 Standing 经验关系式，原油密度为 5089lb/ft^3，溶解油气比为 25000ft^3/bbl，原油黏度为 0.2cP。在泡点压力下油层的体积系数为 215 地下桶/标准桶。解析的含水层模型被用来为油藏提供天然能量。表 2.3 介绍了模拟模型的其他参数。

表 2.3 模拟模型参数

孔隙度	0.2
产油率(NTG)	0.6(层 1)
	0.8(层 2)
	0.7(层 3)
原始含水饱和度 S_{wc}	0.25
水相残余油饱和度 $S_{or\ w}$	0.15
气相残余油饱和度 $S_{or\ g}$	0.05
临界气体饱和度 S_{gc}	0.025
油的相渗 $K_{ro}(S_{wc})$	0.8
水的相渗 $K_{rw}(1-S_{or\ g})$	0.6
气的相渗 $K_{rg}(S_{wc})$	0.9

该生产井的最大产液量为10000bbl/d，废弃含水率为80%，井底压力可降至1000lb/in^2，采用7in套管完井。SPIDERTM模型可以准确地计算半稳态及稳态情况下井的工况，这是通过井底压降的计算，井底流体的闪蒸得出原始相特征，以及利用精确的物质平衡方程来模拟井筒窜流等计算完成的。根据油井被划分的网格数目，井筒被分割成若干块，每一个离散化的节点代表其所在的单元，同时该点压力表示该单元的平均地层压力。这一模拟器还模拟了有井下节流器的情况。在这一研究中，智能完井的每个层段都有一个井下节流器来控制该层段的产量，节流器从全开到全关共有7个挡位，这些不同的挡位在模拟器中由不同的节流器直径来表示。每个节流器由两个节点模拟，分别代表节流器的上游和下游，用于研究节流器的模型将上游和下游之间的压力关系，作为产出流体与节流器直径的函数。上游节点与下游节点之间的压力降可利用节流器压力表格来计算。

研究中要考虑两种生产情况：第一种情况是生产井的3个产层未采用任何井底控制系统来完井并混合开采；第二种情况是对同一口井采用智能完井技术，这样就可以利用可调节的层间控制阀分别控制3个层段。模拟研究是为了比较常规完井与智能完井在多层混合开采时对原油生产的优化能力。

2. 垂直举升模拟

通过动态油藏模拟器所用到的一系列举升表格将井眼流出水力学参数对于油井流动特征的影响综合到模型中。井底流压是油管压力、流量以及流体组成的函数，由井筒特征模拟器来计算。每一口井都生成一个表格，动态油藏模拟器将油管压力、流量和来自举升表格的井底压力与节流器节点下游的流入条件相配合。这是一个迭代和插值的计算过程。

3. 动态优化

大多数井由于油管尺寸(或套管尺寸)的限制都有一个最大产液量。油井原油产量的最大化必然涉及产水量的降低，产水量的降低将提高收益，相对于不进行优化的情况还会加速生产。油井产量的最优化是指在优化全井产量这一目标下对各产层进行产量的分配，其目的是控制各产层在一定的时间段内(例如一个月、一个季度)尽可能长时间地保持分配的最大产量。只要有能力达到这一要求，那么大量产水的层段常被控制生产或关闭，以此来促进那些产纯油层段的生产。

这种优化方法已用于管理多底井，这些井是利用指令程序来控制其产层的。该方法主要基于导数运算，并根据不想得到的流体(水或气)产量变化，以及相对应的想得到的流体产量变化来计算。它计算每一个时间段内的导数，找到所有产层的平均值，关闭导数值大于所计算的平均值的产层。采用一阶向后差分的方法计算导数，计算值为这一目标提供了一个满意的结果。这种优化方法通过迭代过程得出满足某一特定目标函数的优化了的阀门定位。

优化程序以一种类似于现场中所采用的方式来模拟控制智能完井。该程序在每个时间段内检查各产层，采用关闭或打开层间控制阀的方法来达到某一特定的标准。其目标就是在所有时间内最大化原油产量。这一优化过程是通过改变节流器的开度来实现目标的，当任何一个产层的产水率超过5%，该程序就会被触发。这首先要假设现场操作人员有足够多的信息来判断哪一个产层需要控制。一种更积极的方式就是在产层出水之前进行这种控制，然而这需要一个合理准确的油藏模型，并且该模型要利用现场数据不断进行更新。

4. 结果讨论

第一种基本情况考虑的是一口常规完井方式的井，该井的3个产层进行混合开采而没有采取任何形式的控制。在这一例子中我们观察到井下产层的层间窜流，其地面的净流量被记录下来。窜流被允许在所有可能的地方发生，以此来模拟油井在常规完井下所发生的情况。这一例子被模拟到超过最大产水率为80%或者举升停止时，因为此时油井不能将产出的流体从井底举升到地面。由于流体的顺利流动及油管特性，该井没有观察到举升停止的现象。图2.23表示第一种生产情况的原油产量曲线。该井维持了一段时间的最大许可产油量直到其最深的产层(层3)出水。层3见水后总产油量随着含水率的增加逐步下降。该曲线也表明大部分产油量是由最浅的产层(层1)提供的，而层3提供的产油量最少。累积产水量曲线如图2.24所示。

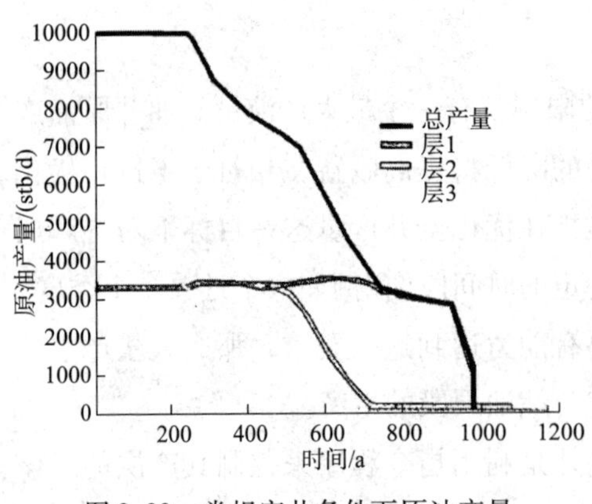

图2.23　常规完井条件下原油产量

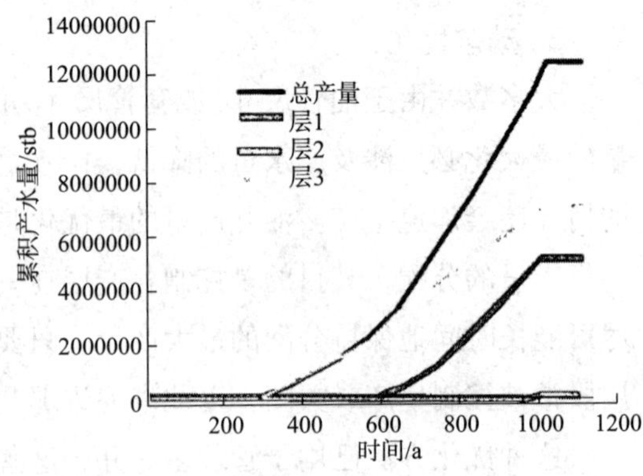

图2.24　常规完井条件下累积产水量

智能完井的例子是模拟一口利用流量控制阀来优化原油产量的井。阀门所进行的控制是为了避免层间窜流，同时在尽可能长的时间内减少全井产水量。该模型假设有足够的井下设备对产层进行独立监测，这可以通过选择性产层测试、产层流压与产量关系分析、计算流体力学或安装可靠的井底多相流量计等方法来实现。图2.25是原油的产量曲线。在层3见水前，该图的曲线和第一种情况的曲线是相似的。当某一产层含水率达到设定的临界值的5%时，优化程序通过调整阀门设置对该层产量进行控制。优化结果可以通过锯齿形的曲线观察。智能完井情况下的累积产水量如图2.26所示，尽管与常规完井情况在同一时间见水，但其总的产水量被抑制很长时间，从而产出更多的油。利用阀门的优化程序与不断更新的油藏模型结合使用，可以采取措施尽可能长时间地推迟见水时间。工程师将利用最新的油井和油藏的数据来更新模型，监测每个产层的纵剖面饱和度分布，同时利用优化程序所建议的数值来控制每个阀门。这是一种用于模拟多层混合开采情况下的智能完井优化技术，该技术利用微分和迭代方法来计算和优化阀门设置，以此来满足所要达到的目标，这种技术是利用指令程序来控制安装在井中的流量控制阀。

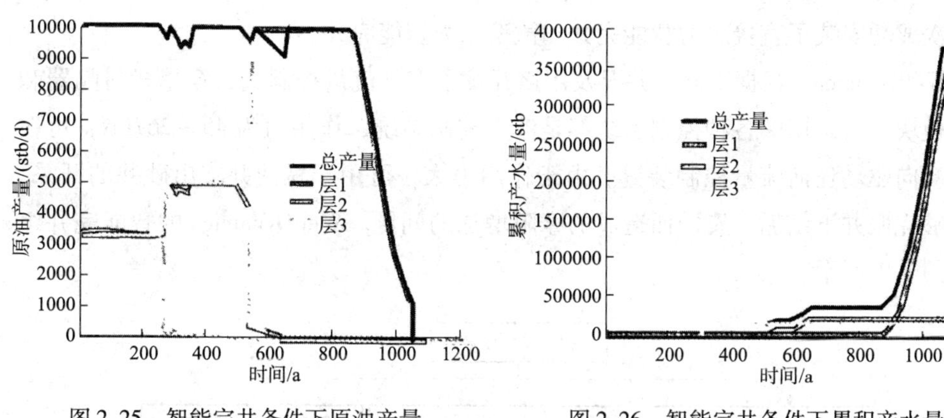

图2.25 智能完井条件下原油产量　　图2.26 智能完井条件下累积产水量

智能完井优化控制的情况具有更长的原油稳产期、更高的原油生产量和更低的产水量，可以比常规完井更充分地开采所有的产层。

3 国内外经典智能完井技术

3.1 国外典型智能完井技术

3.1.1 Halliburton SmartWell 完井系统

WellDynamics 是 Halliburton 和壳牌的合资公司。据报道，WellDynamics 于 1998 年首次成功安装了直接水力智能完井和微型水力智能完井。

WellDynamics 根据不同的井况及用途开发了多种流量控制阀、穿越式封隔器和控制模块，所采用的各种控制系统都是液力控制系统，作用力为 45 ~ 267kN，可在井下双向驱动任何流量控制装置。由于作用力大，可用于稠油井、出砂井的开采，且能够克服井下结垢、腐蚀而造成的摩阻增加的问题。WellDynamics 的智能完井组成如图 3.1 所示。

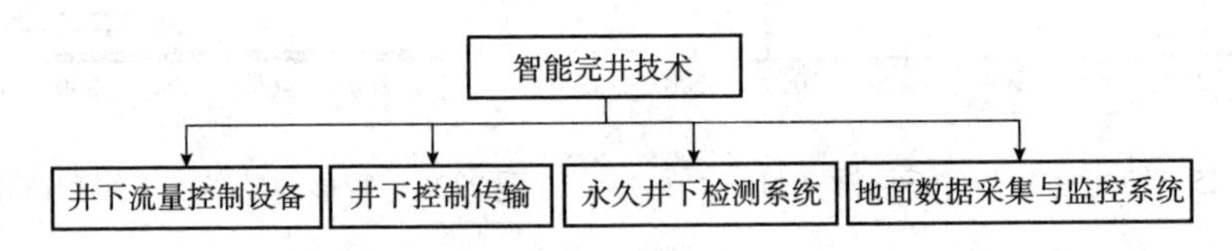

图 3.1 WellDynamics 的智能完井技术组成

WellDynamics 智能完井技术是由井下流量控制设备、井下控制传输、永久井下监测系统和地面数据采集与监控系统四大部分组成。其中井下流量控制设备由穿越式封隔器、流量控制阀和井下控制系统组成；井下控制系统与传输系统分为直接水力系统、数字水力系统、迷你水力系统、电 - 液智能系统和 SCRAMS 四种系统类型；永久井下监测系统由 ROC™ PDG（Permanent Downhole Gauges）、FloStream 流量计（Venturi Flowmeter System）和 EZ 压力计（EZ-Gauge® Pressure Monitoring System）三部分组成；WellDynamics 的地面数据采集与监控系统包括主监控界面（SmartWell®

Master™ Supervisory Application)、流量计算分析软件(SoftFlow™ Virtual Flowmeter Surface)、ICV 位置控制系统(Surface Positioning System)、供电系统(Remote Power System)、数据采集系统(XPIO 2000™ Data Acquisition and Control Unit)、液压水力系统(Hydraulic System)和接口卡(Subsea Interface Cards)等构成智能完井的基本设备。

3.1.1.1 井下流量控制设备

1. WellDynamics 的 ICV(流量控制阀)

WellDynamics 的 ICV 有 HS 系列 ICV(HS-ICV)、HVC 系列 ICV(HVC-ICV)、IV 系列 ICV(IV-ICV)、Lubricator Valve(LV-ICV)、MCC 系列 ICV(MCC-ICV)、sFrac™ Valve、sSteam™ Valve 等 7 种，特点汇总如表 3.1 所示。原理简单介绍如下。

表 3.1 WellDynamics 的几种 ICV 的特点

类型	特点
HS-ICV	深水海洋，高温高压环境，耐温 165℃，耐压 15000psi，碳化钨材料
HVC-ICV	开关型或增量位置节流型，耐温 135℃，耐压 10000psi，碳化钨材料
IV-ICV	无限位置节流型，耐温 135℃，耐压 10000psi，碳化钨材料
LV-ICV	球阀，开关型，用于切断、打开管道中的流体，耐温 135℃，耐压 7500psi
MCC-ICV	有限位置增量节流型，耐温 135℃，耐压 10000psi，碳化钨材料
sFrac	用于多级压裂控制
sSteam	用于稠油热采的蒸汽注入控制，耐温 135℃，耐压 10000psi

(1) HS-ICV(HS Interval Control Valve)

HS-ICV 有单开/关型与多级节流型两种，通过液压控制线提供的压力差，使得阀的执行器的活塞动作。可与 WellDynamics 的直接水力驱动系统或井下数字水力控制系统配套使用。HS-ICV 的阀体开有沟槽，可容许穿过两根 1/4 in 的阀位位置传感器信号电缆线，阀外可旁挂 6 根 1/4 in 的水力管线或电缆线。

HS-ICV 采用金属 - 金属密封(seal-metal-to-metal)和热塑料(seal-thermoplastic)两级，采用公差配合和自增强设计(self-reinforcing design)，以实现高 - 低压力下的密封，最高压力可达 15000psi。第一代 HS-ICV 阀的剖面结构图如图 3.2 所示，第二代 HS-ICV 的外观如图 3.3(a)所示。第二代 HS-ICV 是在第一代的基础上增加了位移传感器(可选配)，且 ICV 由外阀套形式改成了内阀套形式。

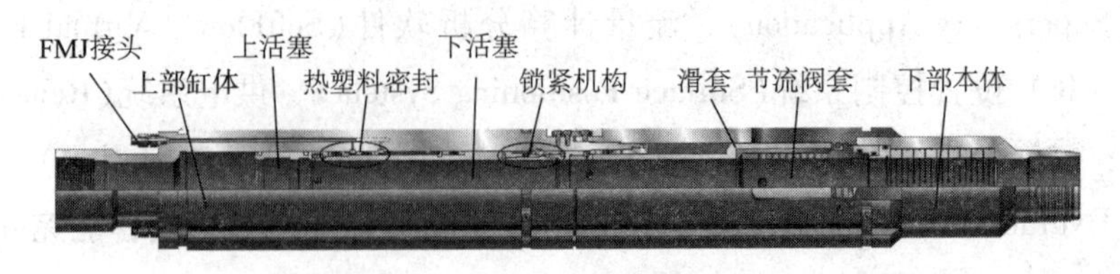

图 3.2　第一代 HS-ICV 阀的剖面结构图

HS-ICV 的阀套采用碳化钨材料制成，可承受大流量下的冲蚀和腐蚀，过流孔可以有 8 种安装配合，以适应不同的流量控制要求。阀套的结构设计容许通过碎屑，以适应地层的出砂情况。HS-ICV 可选配位置反馈传感器组件，与 WellDynamics 的 ROC™ M2P 仪表配合，可将阀位反馈回地面。HS-ICV 的主要组件如图 3.3(b)所示，HS-ICV 性能参数如表 3.2 所示。

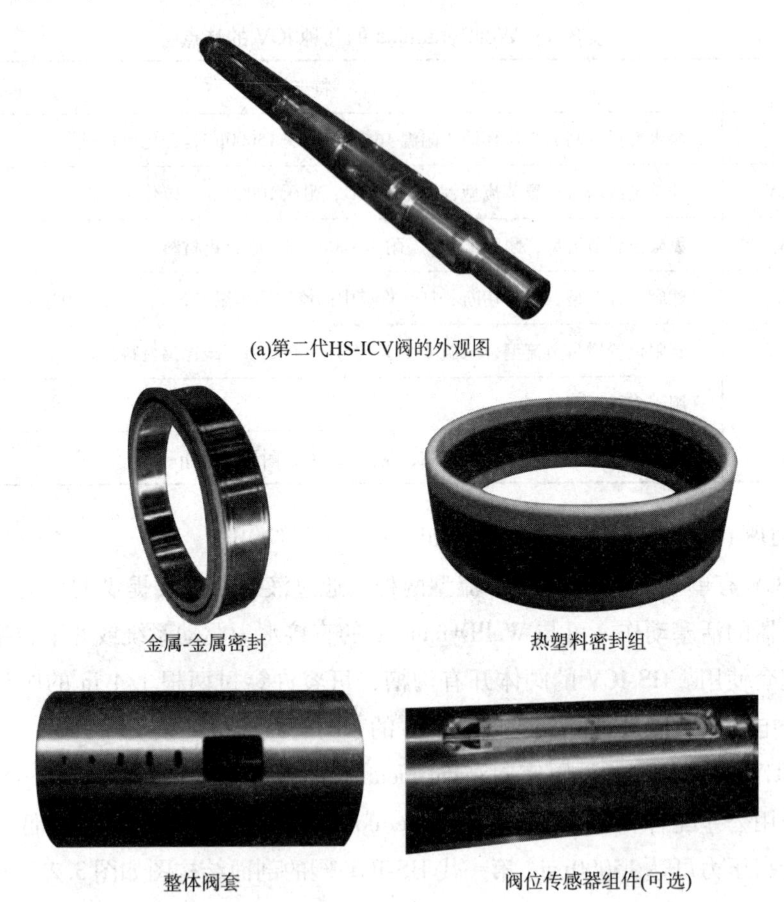

(a)第二代HS-ICV阀的外观图

(b)主要组件

图 3.3　第二代 HS-ICV 阀外观及主要组件

表 3.2 HS-ICV 主要性能参数

油管尺寸/in	2⅞		3½		4½		5½	
类型	节流型	开关型	节流型	开关型	节流型	开关型	节流型	开关型
最大外径/in	4.660		5.850		7.125		8.279	
最小内径/in	2.313		2.750		3.750	3.560	4.562	
最小内部流动面积/in^2	2.20		5.940		11.04		16.38	
活塞缸容积/in^3	10.29	5.62	11.94	6.53	16.68	9.11	25.44	13.90
活塞面积/in^2	1.716		1.990		2.780		4.240	
活塞行程/in	6.00	3.28	6.00	3.28	6.00	3.28	6.00	3.28
最大工作压力/psi	7500 10000		7500；10000； 15000		7500 10000	15000	7500；10000	
最大驱动压力/psi	10000		10000 15000	10000	10000	17500	10000	
最高工作温度/℃	135		165		135		135	
最大卸载压差/psi	5000							

（2）HVC-ICV

HVC-ICV 有 MC、IV 和 HV 等三个系列，管径从 2⅞in、3½in(MC)、3½in、5½in(IV)到2⅞in、3½in、4½in、5½in(HV)，分为单开关型和多级节流型两种，前者为 HVO-ICV，后者称为 HVC-ICV。

HVC 系列 ICV 也是通过液压控制线提供的压力差，使得阀的活塞动作，最小动作压差为 250psi。

与 HVC 系列 ICV 配套的井下控制系统可以按照实际要求和安装条件，选择 WellDynamics 的直接水力驱动系统或数字水力控制系统，以实现开、关控制。也可以选择配套使用 WellDynamics 的累积脉冲增量位置模块，以实现从全开到全关的离散型位置增量(Ⅱ级)控制。此时的 ICV 套相当于一个节流元件，通过改变其位置(开度)，使离散型的流量控制。该阀还自带温度、压力测量，以实现流量的精确计算。

HVC-ICV 也是采用金属－金属密封，最高工作温度可达 135℃。HVC-ICV 阀的剖面结构如图 3.4 所示，HVC-ICV 阀的主要性能参数如表 3.3 所示。

图 3.4　HVC-ICV 阀剖面结构

表 3.3　HVC-ICV 主要性能参数

	MC Series		IV Series		HV Series			
直径/in	2⅞	3½	3½	5½	2⅞	3½	4½	5½
开关型结构	不可用	不可用	—	—	可用	可用	可用	可用
节流型结构	可用	可用	可用	可用	可用	可用	可用	可用
最大外径/in	4.660	5.468	5.995	8.275	4.660	5.850	7.125	8.274
最小内径/in	2.250	2.750	2.750	4.562	2.315	2.750	3.750	4.560
最小过流面积/in^2	3.98	5.94	5.94	16.34	4.20	5.94	11.04	16.38
活塞缸容积/in^3	11.22	11.87	15.25	43.18	10.69	12.45	16.68	26.42
活塞面积/in^2	1.870	2.558	4.365	8.500	1.783	2.075	2.780	4.404
行程/in	6.00	6.00	—	—	6.00	6.00	6.00	6.00
最大工作压力/psi	5000	5000	7500	7500	7500	7500 10000	7500 10000	7500
最高工作温度/℃	135	135	135	135	135	135	135	162.7

(3) IV-ICV

IV-ICV 为无限变位置节流控制阀(Infinitely Variable Positioning of Choke)，液力驱动，金属 - 金属密封，阀套等部件采用耐腐蚀的碳化钨材料。

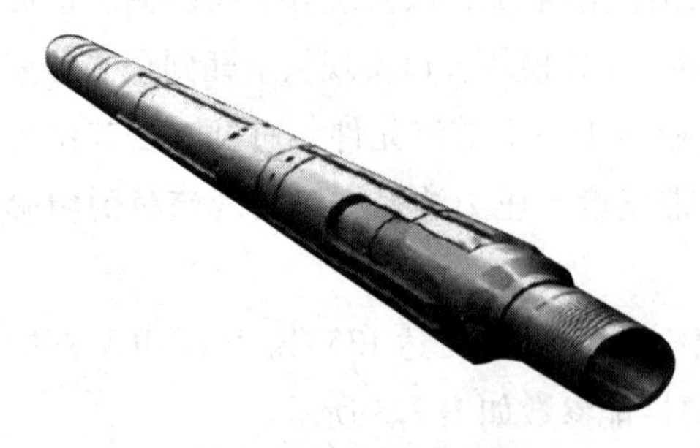

图 3.5　IV-ICV 外观图

节流阀套为电 - 液控制，阀套与一个执行器位置传感器模块(SAM™，Sensor Actuator Module)配合，可将阀套定位在任意位置的开度，结合温度、压力测量，可实现准确的流量调节控制。IV-ICV 的外观如图 3.5 所示，性能参数如表 3.3 所示。

（4）MCC-ICV

MCC-ICV 是一种多位置（multi-position）的节流型控制阀，与 WellDynamics 的地面数字控制系统结合（Digital Infrastructure Surface Control Systems），可将阀套定位在几个特定位置，实现对地层流量的低成本控制。MCC-ICV 的结构与 IV-ICV 类似，其结构如图 3.6 所示，参数如表 3.3 所示。

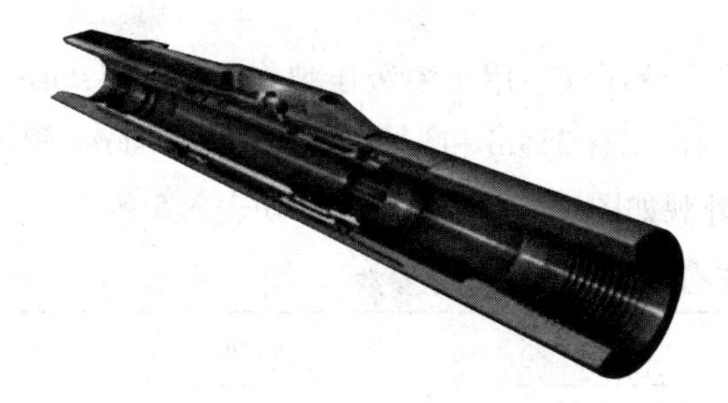

图 3.6　MCC-ICV 阀剖面结构

（5）LV-ICV

LV-ICV 是一种液力驱动的开关型球阀，其外观如图 3.7 所示，可用于打开或切断管内的流体。LV-ICV 的工作原理：在球阀的两侧各有一根液力管线，其中的一根有压力时，驱动球体旋转，打开阀门；反之，另一根有压力时，驱动球体反向旋转，关闭阀门。其主要参数如表 3.4 所示。

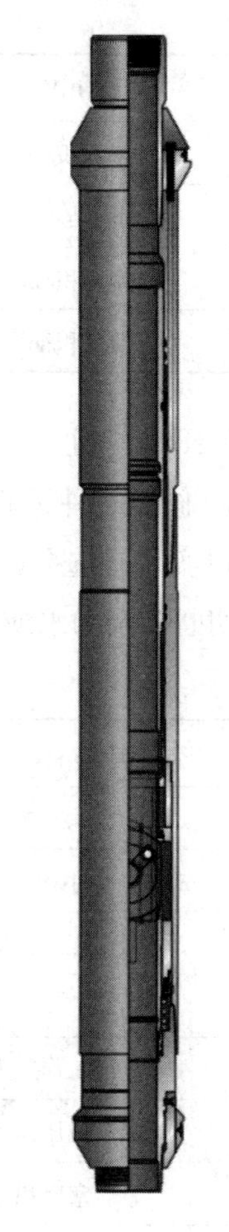

图 3.7　LV-ICV 外观图

表 3.4　LV-ICV 主要性能参数

LV-ICV	3½in	4½in	5½in
外径/in	5.930	7.155	8.015
内径/in	2.890	3.813	4.620
最高工作温度/℃	135	135	135
最高工作压力（球体打开时）/psi	7500	7500	7500
最高工作压力（球体关闭时）/psi	5000	5000	5000
缸室最高压力/psi	7500	7500	7500

续表

LV-ICV	$3\frac{1}{2}$in	$4\frac{1}{2}$in	$5\frac{1}{2}$in
活塞面积/in^2	3.360	3.980	4.670
总行程/in	2.100	2.510	3.080
缸室容积/in^3	7.050	10.000	14.400
过流面积/in^2	6.560	11.420	16.800

(6) sFrac™阀

sFrac 阀是一种远程控制的井下液压阀，用于多级压裂作业(multi-stage fracturing)，以实现有选择地压裂特定层位。有 $3\frac{1}{2}$in 和 $4\frac{1}{2}$in 两种型号。sFrac 阀可用于选择性切断多余的水或气体。其外观如图 3.8 所示，其参数如表 3.5 所示。

表 3.5 sFrac™阀主要性能参数

$3\frac{1}{2}$in sFrac™阀	On/Off
最大外径/in	5.425
最小内径/in	2.750
最高工作温度/℃	135
内部工作压力/psi	10000
外部工作压力/psi	10000
最高液压压力/psi	10000
活塞面积/in^2	5.18
最小过流面积/in^2	5.94
$4\frac{1}{2}$in sFrac™阀	On/Off
最大外径/in	6.000
最小内径/in	3.688
最高工作温度/℃	135
内部工作压力/psi	10000
外部工作压力/psi	10000
最高液压压力/psi	10000
活塞面积/in^2	5.73
最小过流面积/in^2	10.68

（7）sSteam™阀

sSteam™阀用于重油油藏开发中的蒸汽控制，使蒸汽进入有选择的地层，防止汽窜。其外观如图 3.9 所示，其参数如表 3.6 所示。

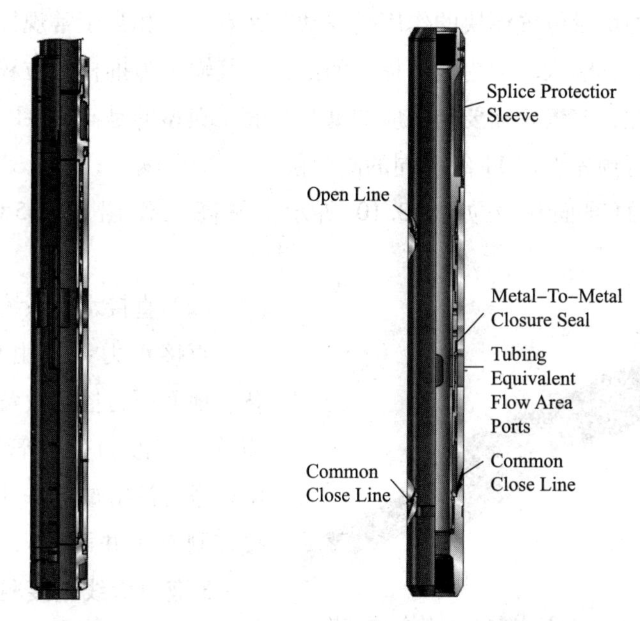

图 3.8 sFrac™阀外观图　　图 3.9 sSteam™阀外观图

表 3.6 sSteam™阀主要性能参数

sSteam™阀	On/Off
最大外径/in	5.430
最小内径/in	2.735
最高工作温度/℃	135
内部工作压力/psi	3000
外部工作压力/psi	3000
活塞面积/in^2	5.15
最小过流面积/in^2	5.87

2. 井下控制系统

WellDynamics 的井下控制系统包括累积脉冲增量位置模块（Accu-Pulse™ Incremental Positioning Module）、直接水力系统（Direct Hydraulics Downhole Control System）、数字水力系统（Digital Hydraulics™ Downhole Control System）、电－液智能系统（SmartPlex™ Downhole Control System）、迷你水力系统（Mini Hydraulics™）和地层

分析与管理系统 SCRAMS（Surface-Controlled Reservoir Analysis and Management System）。

（1）累积脉冲增量位置模块——阀门执行器

累积脉冲增量位置模块的作用是驱动 ICV 动作，相当于常规控制阀的执行器和阀门定位器，其输入动力为地面提供的液力，其输出为推杆的位移，由推杆推动阀套移动。因此，该模块需要与相应的 ICV 配套，典型的是与 HV-ICV 或 MCC-ICV 配套。该模块可预先设定 11 级不同的阀门位置。

该模块的剖面结构如图 3.10 所示，最高工作温度 165℃，最大工作压力 10000psi。

图 3.10　Accu-Pulse™执行器的剖面结构

（2）直接水力系统

直接水力系统由地面液压产生设备、地面压力控制设备(系统)、液力传输管线、液力传输管线连接头、井下 ICV 等设备组成，采用 $N+1$ 的方式直接控制 N 个井下 ICV。

3 液力管线直接驱动 2 个 ICV 的直接水力系统的拓扑结构原理如图 3.11 所示。

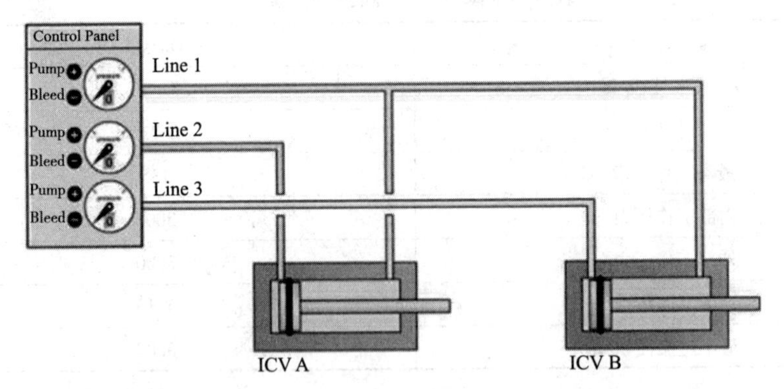

图 3.11　直接水力系统的拓扑组织结构原理

（3）数字水力系统

数字水力系统是一种采用全水力(压力)编码的多节点水力(管线)系统。

数字水力系统由地面液压产生设备、地面压力控制设备、液力传输管线、液力传输管线连接头、井下 ICV 设备、井下水力解码器等设备组成，如图 3.12 所示。

数字水力系统采用水力编码的方式传递液力和控制(水力压力编码)信号，经水力解码器解码后使得相应的井下 ICV 动作，工作原理如图 3.13 所示。

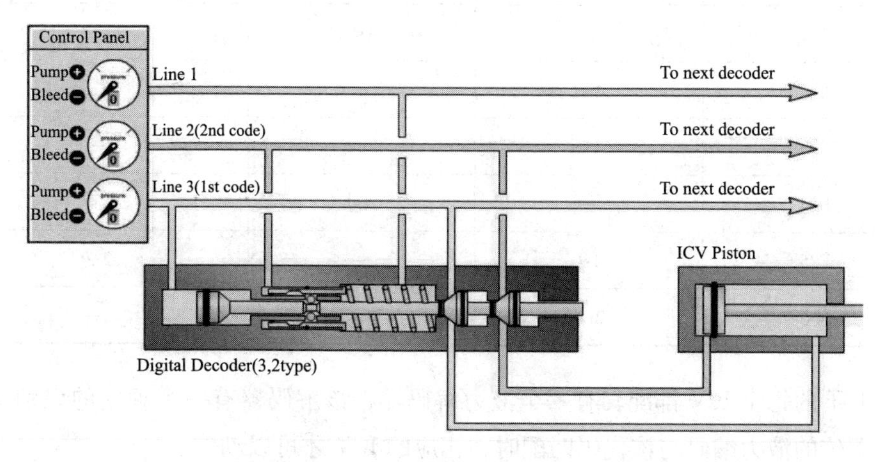

图 3.12　数字水力系统的拓扑组织结构

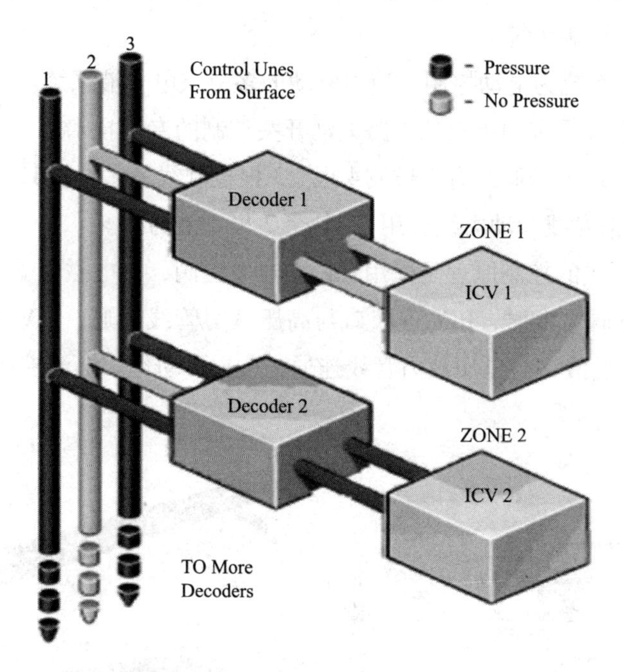

图 3.13　数字水力系统的工作原理

其编码是用压力大于 2000psi 代表编码“1”，压力低于 500psi 代表编码“0”，基于编码的序列(先后顺序)建立地面与井下设备的通信。3 管线 6 设备的编码如表 3.7 所示。

表 3.7　3 管线 6 设备的编码表

ICV/层位	管线 1	管线 2	管线 3
A/1	—	1st	2nd
B/2	2nd	—	1st
C/3	1st	2nd	—
D/4	—	2nd	1st
E/5	1st	—	2nd
F/6	2nd	1st	—

井下的每个 ICV 都配套有一个液力解码器，该解码器有一个独立的识别代码，只有下传的液力编码与该代码匹配时，相应的 ICV 才可以动作。

3 根液力管线最多可实现对井下 6 个 ICV 的控制。最高工作温度 125℃。

（4）电 - 液智能系统

电 - 液智能系统为电动控制、液力驱动的多节点电 - 液系统。

SmartPlex 系统是采用单一的 1 路电动开关控制的专利技术。

SmartPlex 系统的控制线有 3 根或 4 根。3 根控制线最多可接 12 个井下设备，其中 1 根为电线(信号线和动力线合用)，其余 2 根为液力线。

SmartPlex 模块的控制原理是采用二位三通电磁阀，该电磁阀受电动控制线的信号控制。当电磁阀带电时，ICV 进液口与高压液力管线连通，ICV 动作；反之，电磁阀失电，ICV 进液口与低压液力管线连通，ICV 不动作。电液控制原理如图 3.14 所示。

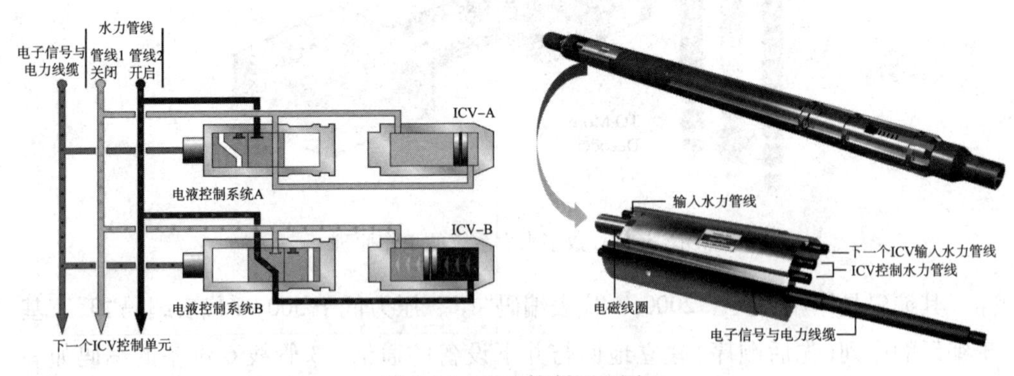

图 3.14　电液控制原理图

SmartPlex 模块的控制线通过中间接头和封隔器接头，连通地面设备和井下的电液智能执行器模块(SmartPlex Actuator Module)，每 1 个执行器模块负责控制一个 ICV。图 3.15 为该模块的透视结构原理图，模块的 4 根水力出口连线中 2 根与进液口直接连通，然后连接下一级 SmartPlex 模块，另 2 根连接到 HVC-ICV 等 ICV。

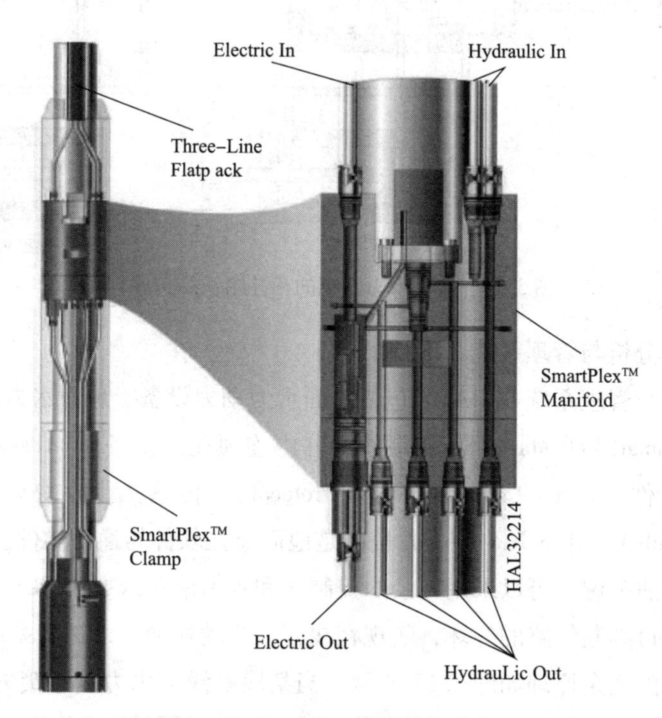

图 3.15　SmartPlex 模块结构示意

SmartPlex 模块与阀门位置反馈传感器配合，通过控制电磁阀的开关时间可以调节进入 ICV 活塞缸的液体量的多少，从而实现对 ICV 的位置控制，达到对地层流量进行节流控制调节(增量型调节)的目的。

SmartPlex 系统的电线，既传送控制信号，也传送电动力，为 1 总线原理(I-wire)。

SmartPlex 模块的工作温度最高 150℃，最高压力 15000psi。

(5)迷你水力系统

迷你水力系统使用一条水力管线通过迷你液压解码器来控制 1 个 ICV 的开关操作，无需回流管线，原理如图 3.16 所示。适用于单开/关型 ICV 的控制，使 ICV 从全开位置移动到全关位置。迷你水力系统的设计不但简化了 ICV 结构，同时减少了液控管线数量。

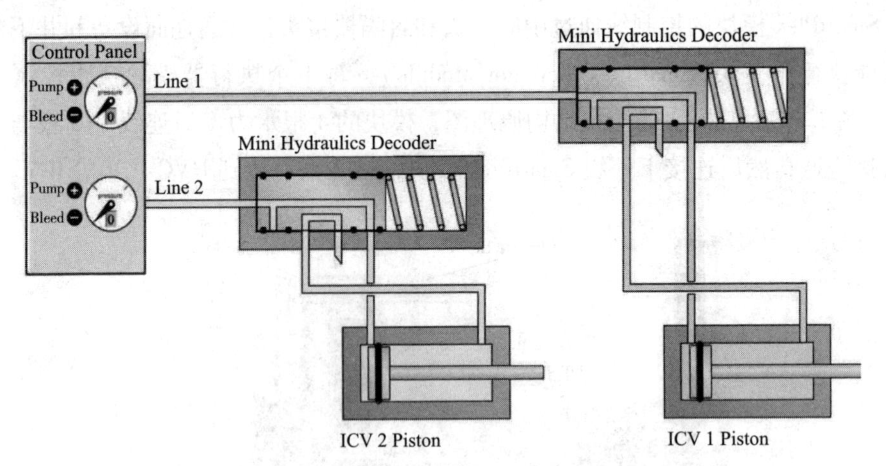

图 3.16　迷你水力系统的拓扑组织结构原理

(6) 地层分析与管理系统 SCRAMS

地层分析与管理系统 SCRAMS 包括地面水力动力设备、地面水力控制设备、地面监控软件(SmartWell Master)、控制线的井内连通连接设备(FlatPack)、地面－井下通信协议软件(SegNet Communications Protocol)、传感执行模块(SAM™, Sensor Actuation Module)、井下 ICV 等。其核心是地面监控软件与通信软件。

SCRAMS 的关键是可以采用冗余的控制线和水力液压线，由 SCRAMS 的通信协议软件(SegNet)判断线路的好坏，实现在线冗余自动切换，以提高系统的可靠性。

SCRAMS 的冗余原理如图 3.17 所示，当某段电线或水力线连接失效(断路或损坏)时，可由 SegNet 作出判断，然后可在其 SAM 节点中实现线路的重构。

SCRAMS 的传感执行模块(SAM)包括传感器检测功能、线路连接功能和线路冗余切换功能。

SAM 上有两块互为冗余的电子电路模块，分别连接上、下两个连通接头(Flatpack)，一个可称为主接头，另一个可称为辅接头，通过检测，有测量信号判断线路好坏，然后由 SAM 中的电磁控制执行单元，实现冗余切换。

SAM 还集成了压力和温度测量功能。

3. 穿越式封隔器

(1) HF 系列层段封隔器

HF－1 型封隔器采用单管柱结构，并可取出重复使用的高性能套管内用封隔器。HF－1 封隔器具有独特的旁通结构用于电力控制管线和液压控制管线穿过而不需要拼接接头，其外观结构如图 3.18 所示。

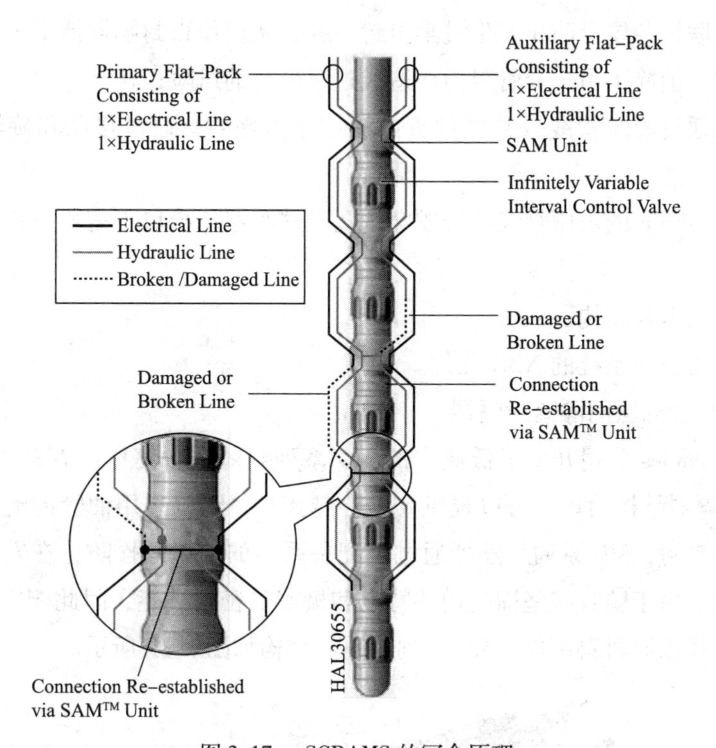

图 3.17 SCRAMS 的冗余原理

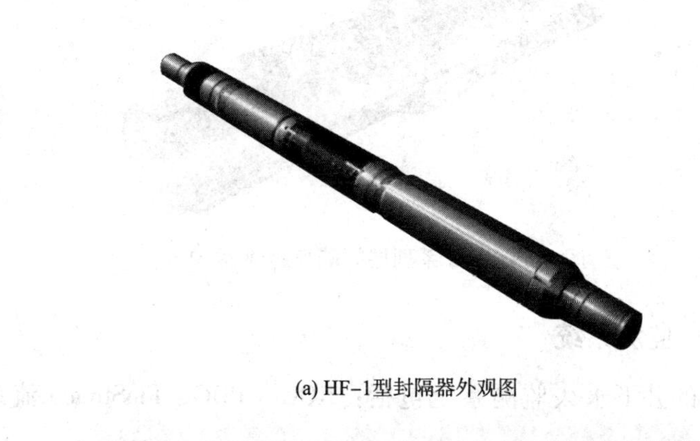

(a) HF-1型封隔器外观图

(b) HF-1型封隔器四分之一剖视图

图 3.18 HF－1 型封隔器

HF－1 型封隔器的载荷和承压远高于普通生产封隔器，它的卡瓦机构比较独特，使其更加持久耐用。

HF－1 型封隔器具有以下特点：

①液压联锁装置可防止发生过早坐封，联锁系统使得封隔器能下入高度倾斜井或水平井中，消除了由于套管阻力而造成过早坐封的风险；

②可以通过液压管线或常规油管内流体压力坐封，通过移动和旋转解封套筒解封；

③5 个 0.25in 的液压管线或线缆穿越孔，这些穿越接口不需要对控制管线进行拼接；

④特有的卡瓦结构；

⑤带有防挤压系统的 NBR 元件。

（2）MC 系列层间隔离封隔器

WellDynamics 公司开发了低成本的 MC 系列封隔器，使作业者获得更多利益。MC 系列封隔器结构简单，可以提供 8 个穿越接口，可以采用油管内流体压力或液压控制管线坐封，MC 系列封隔器通过装配一系列的剪切螺栓防止在安装过程中出现过早坐封。由于腈具有坚固耐用的特点和极好的密封性能，因此 MC 系列封隔器密封元件选择该原材料制作。MC 系列封隔器结构如图 3.19 所示。

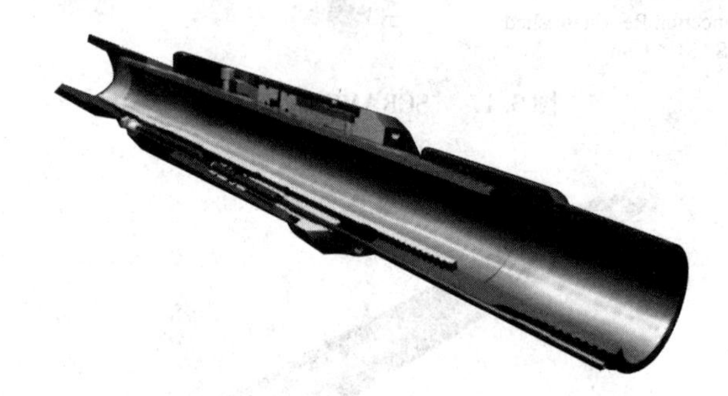

图 3.19　MC 系列层间隔离封隔器

3.1.1.2　永久监测系统

WellDynamics 的井下永久监测系统包括：ROC™ PDG、FloStream 流量计和 EZ 压力计。

1. ROC™ PDG

WellDynamics 的 ROC™永久井下监测仪表包含压力和温度测量。压力测量采用高温石英压力传感器作为敏感元件（quartz transduce），分为 ROC150、ROC175、ROC200 3 个型号，型号的数字代表其最高工作温度，3 种 ROC™ PDG 的使用范围如图 3.20 所示，技术性能参数如表 3.8 所示。

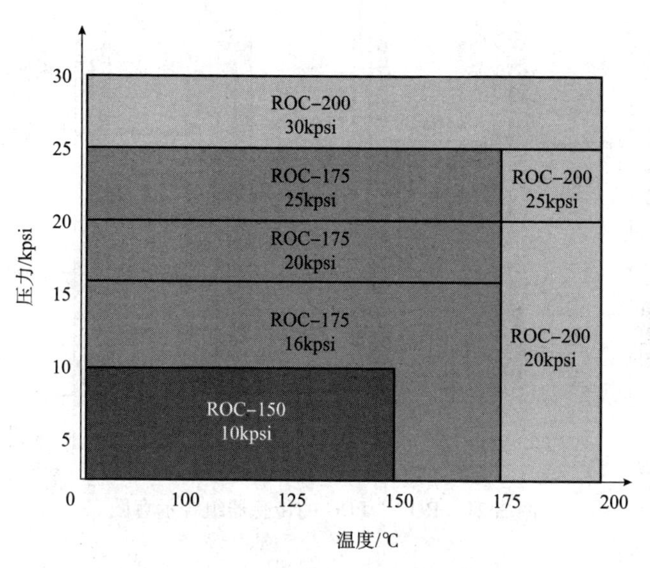

图 3.20 ROC™ PDG 的使用范围

表 3.8 ROC™ PDG 压力测量参数表

ROC™ Gauge Family-Pressure Performance				
Pressure Range/(psi/bar)	0 to 10000/ 0 to 690	0 to 16000/ 0 to 1100	0 to 20000/ 0 to 1380	0 to 25000/ 0 to 1725
Accuracy/(%FS)	0.015	0.02	0.02	0.02
Typical Ac curacy/(%FS)	0.012	0.015	0.015	0.015
Achievable Resolution/(psi/sec)	<0.006	<0.008	<0.008	<0.010
Repeatability/(%FS)	<0.01	<0.01	<0.01	<0.01
Response Time to FS Step/(for 99.5% FS)	<1 sec	<1 sec	<1 sec	<1 sec
Acceleration Sensitivity/(psi/g-anyaxis)	<0.02	<0.02	<0.02	<0.02
Drift at 14 psiand 25℃/(%FS/a)	Negligible	Negligible	Negligible	Negligible
Drit at Max. Pressure and Temperature/(%FS/a)	0.02	0.02	0.02	0.02

ROC™ PDG 的温度测量精度为 0.5℃(满量程的 0.15%)，重复误差 <0.01℃，温度漂移误差(在 177℃时) <0.1 ℃/a。

ROC™ PDG 可以单组压力、温度测量，也可以多组测量，其组合形式如图 3.21 所示，ROC 的外观与总装如图 3.22、图 3.23 所示。

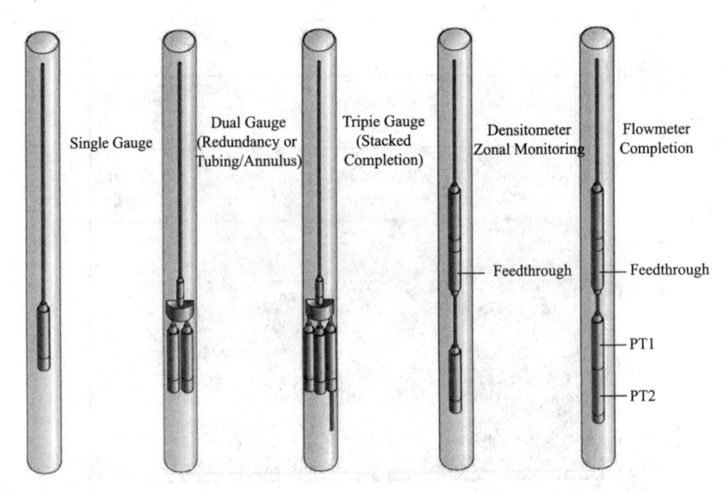

图 3.21 ROC™ PDG 的传感器组合示意图

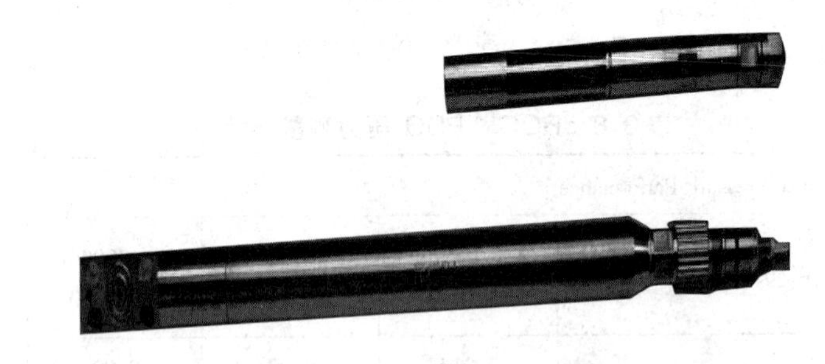

图 3.22 ROC™ PDG 外观图

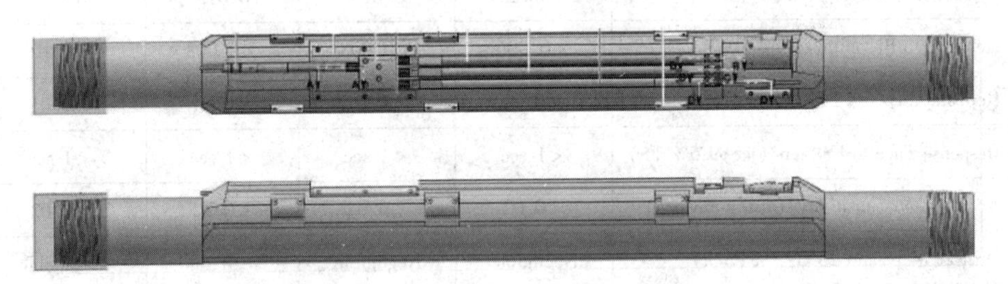

图 3.23 3 只 ROC™ PDG 组合时的总装图

2. FloStream 流量计

WellDynamics 的 FloStream 流量计基于文丘里管流量测量原理来测量流量。流量计由文丘里管、2 只压力传感器、信号处理电子电路等组成。

3. EZ 压力计

WellDynamics 的 EZ-Gauge 压力监测系统是将 1 根管线一直通到被测量的目的

地层，管的末端有一个压力敏感室(pressure chamber)，管内充填惰性气体，然后在地面，通过压力变送器测量压力的变化情况，其原理相对于将1根引压线一直通到目的层，然后测量，其测量原理如图3.24所示。该方法简单，也相对可靠，关键是要解决管内介质附加压力的消除与校准问题。

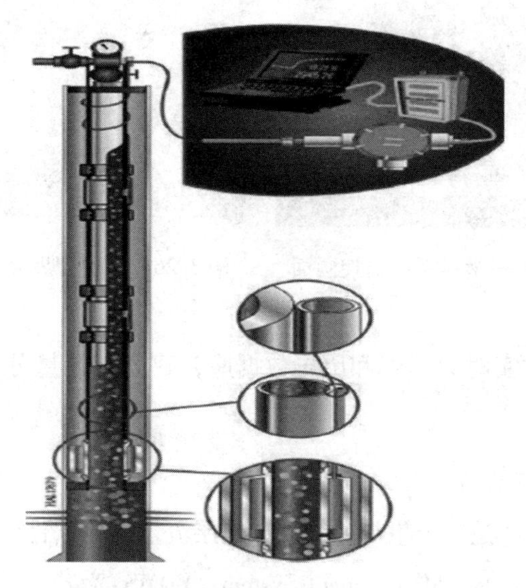

图3.24 EZ-Gauge压力监测系统示意图

3.1.1.3 地面数据采集与监控系统

WellDynamics的地面数据采集与监控系统称为Digital Infrastructure，包括主监控界面、流量计算分析软件、ICV位置控制系统、供电系统、数据采集系统、液压水力系统、接口卡等构成智能完井的基本设备。

Digital Infrastructure的功能包括对井下永久监测的监控、数据采集、流量分析、ICV控制操作、电力电源、液压动力源、数据接口、网络通信等。

1. 主监控界面

主监控界面是智能完井技术的人-机-系统的接口，包括硬件系统和运行软件两个方面。

硬件系统采用SCADA体系结构，基于GENESIS32 OPC-To-The-Core Technology™网络系统，连接各种设备，包括外部的计算机或计算机系统。

软件方面基于Microsoft® Windows®操作系统运行，主要功能模块包括液压源监控、井下控制、PDG数据显示、报警与趋势、系统组态等。

地面液压系统监控与井下地层参数显示与ICV控制操作示例如图3.25与图3.26所示。

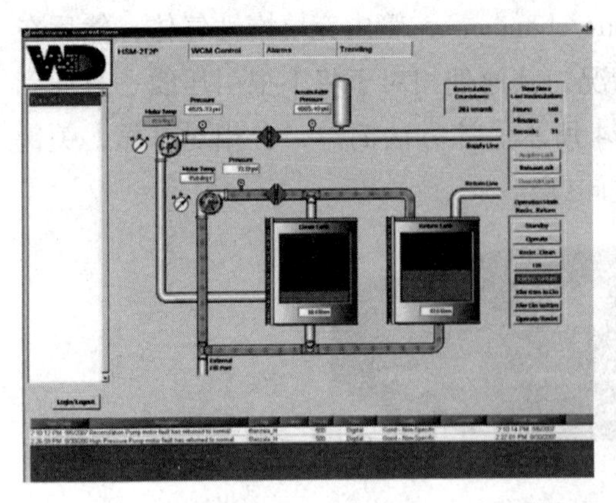

图 3.25　主监控界面——液压系统监控画面

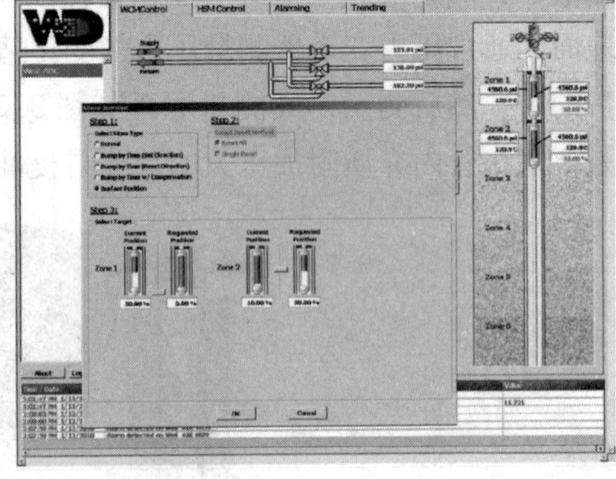

图 3.26　主监控界面——井下地层监控画面

主监控界面通过实时数据库和历史数据库，建立与流量分析、数据采集等其他软件的内在联系。

2. 流量计算分析软件

流量计算分析软件是一个生产井和生产地层流量计算软件，它以现场动态数据管理系统(Dynamic Field Data Management System，FDMS)为基础，综合考虑工程项目信息、井的信息(井类型、井身结构、井深等)、地层信息(ICV 参数、节点参数等)等数据，根据实时得到的井下流量计实测数据，进行数据分析和估计，得出更为准确的流量估计和流量统计结果。流量计算管理系统结构如图 3.27 所示。

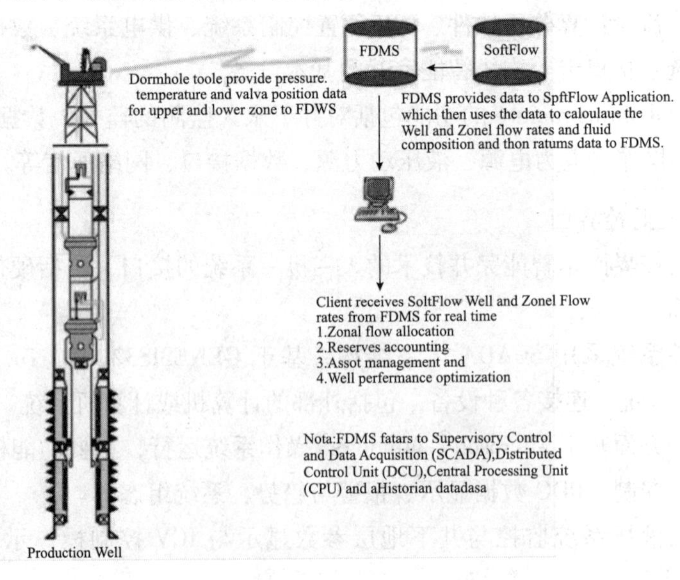

图 3.27　流量计算管理系统结构图

3. ICV 位置控制系统

ICV 位置控制系统的核心是 SHS(Surface Hydraulic System)，它提供了一种方法和一种操作界面，以实现从主监控界面远程操作和控制井下某个 ICV 的技术手段和简单操作。

通过地面液压系统(SHS)操作界面，在某个时间可以将一个特定的液压压力送到井下的某一个特定的 ICV，使该 ICV 能运动到要求的增量位置，使得地层流量得到调节。同时，该液压压力也会传到其他 ICV，但它们没有接收控制动作信号(没有被选中)，故它们将保持在原来的位置而不加改变。SHS 工作原理示意如图 3.28 所示。

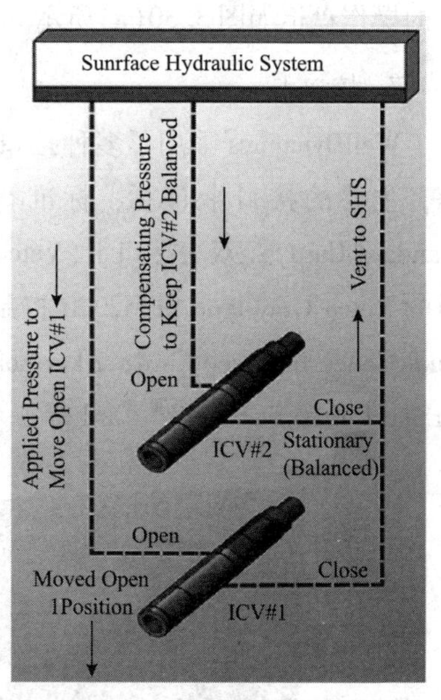

图 3.28 SHS 工作原理示意

4. 供电系统

供电系统给井下电子设备、地面的计算机系统、地面的数据采集系统等设备供电。

供电系统包括稳压电源、UPS、后备电池、配电盘等，组装成一个配电柜。

配电柜的典型布局如图 3.30(b)所示。

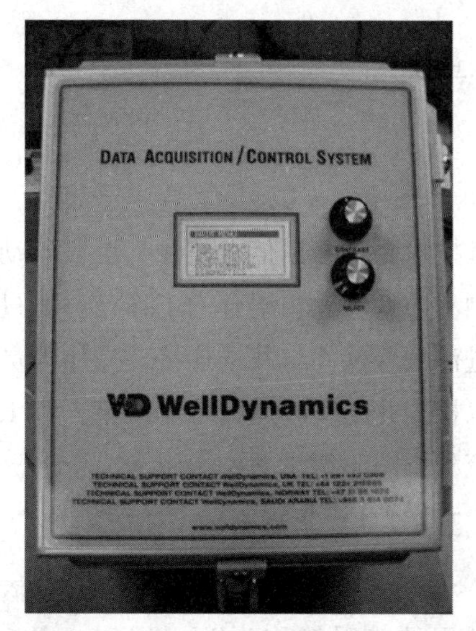

图 3.29 XPIO 2000 数据采集系统外观

5. 数据采集系统

数据采集系统是模拟信号设备和计算机设备之间的一个接口设备。

XPIO 2000 提供 5 个 4 ~ 20mA 模拟信号输入通道(12 - bit)，4 个 4 ~ 20mA 模拟信号输出通道(16 - bit)，4MB 闪存，具有 RS-485、RS-232、10 - BASE - T 等通信接口，可采用 Modbus® RTU、TCP/IP 等协议与计算机通信。

XPIO 2000 还提供可选模块 XPIO-DT、XPIO-QT、UACU 等，以满足连接更多的模拟仪表的需要。如 UACU +，可连接 20 口井、40 只仪表。XPIO 2000 的外观如图 3.29 所示。

6. 液压水力系统

液压水力系统包括液压泵、液压操作盘或操作柜，以及主监控界面中的 SHS 监控界面等，以实现在特定时间，将控制压力传送给井下某特定 ICV 的功能。液压系统的操作盘柜如图 3.30(a)所示。

7. 接口卡

WellDynamics 采用了多种接口卡以实现不同节点、不同设备之间的连接和通信，主要的接口卡包括：标准智能完井接口卡(IWIS, Intelligent Well Interface Standard Card)；双表接口卡(Vetco Gray Dual Gauge Interface Card)，连接单信号通道的 Vetco Gray-type SEM2000 控制模块；FMC Dual Gauge Interface Card；Dril-Quip Dual Gauge Interface Card；Aker Solutions Dual Interface Card；Cameron Dual Gauge Interface Card；SCRAMS® Card 等。

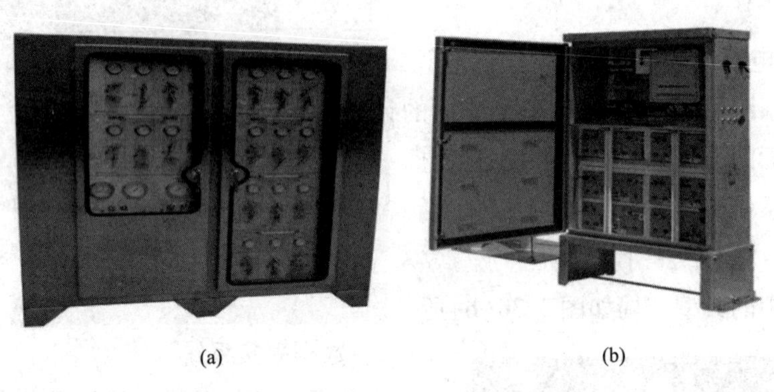

(a) (b)

图 3.30 液压操作盘柜与配电柜

3.1.2 Schlumberger RMC 技术

Schlumberger 公司的油藏监测与控制(RMC)技术是将井下信息监测、层段流动控制和油藏管理相结合的工作流。通过先进油藏等软件与井场连接，操作人员可以根据井况实时进行生产决策。其工作流程如图 3.31 所示。

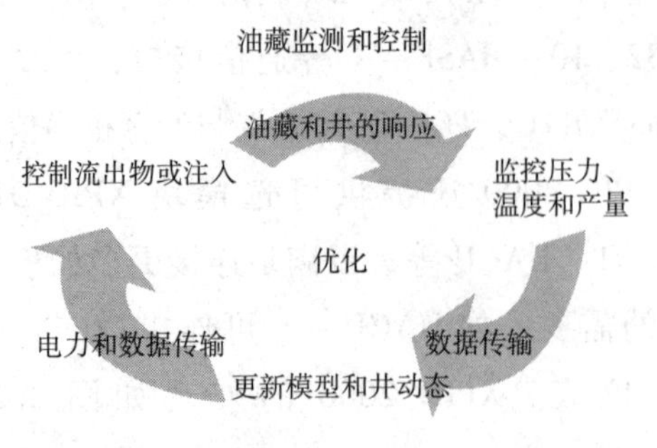

图 3.31 Schlumberger 智能完井工作流程图

3.1.2.1 监测系统

Schlumberger 公司的井下检测仪表与地面监控系统称为 WellWatcher Permanent Monitoring System，包括如下主

要部分：

(1)井下流量监测系统(WellWatcher Flux System)，包括硅传感器流量计(WellWatcher Quartz Gauges)和蓝宝石传感器流量计(WellWatcher Sapphire Gauges)两种，用于井下流量监测；

(2)多相流量计(Phase Watcher Multiphase Flowmeter，MPFM)；

(3)地面监控系统(WellWatcher Monitoring Systems)，包括分布式光纤温度传感器(WellWatcher DTS Fiber Optics)、永久式井下传感器监测(WellWatcher Downhole Permanent Gauges)、井下总线网络系统(WellNet Downhole Network System)、数据采集与通信系统(Data Acquisition and Communication System)。

1. 井下流量监测系统

井下流量检测基于文丘里管节流原理，通过压力传感器(差压传感器)测量得出流体流速，加上密度和温度测量，采用补偿计算方法，得到较为准确的两相流(油、水)总流量(假设油的组分不变)，以及油中含水量。

硅传感器流量计适合于油井早期使用，尤其是产水情况。

蓝宝石传感器流量计适合于电潜泵的流量监测。

井下流量监测系统，如图3.32(a)所示，采用阵列式分布测量，信号传输采用无线电磁耦合传导方式，传输原理如图3.32(b)所示，用于地层流体监测。

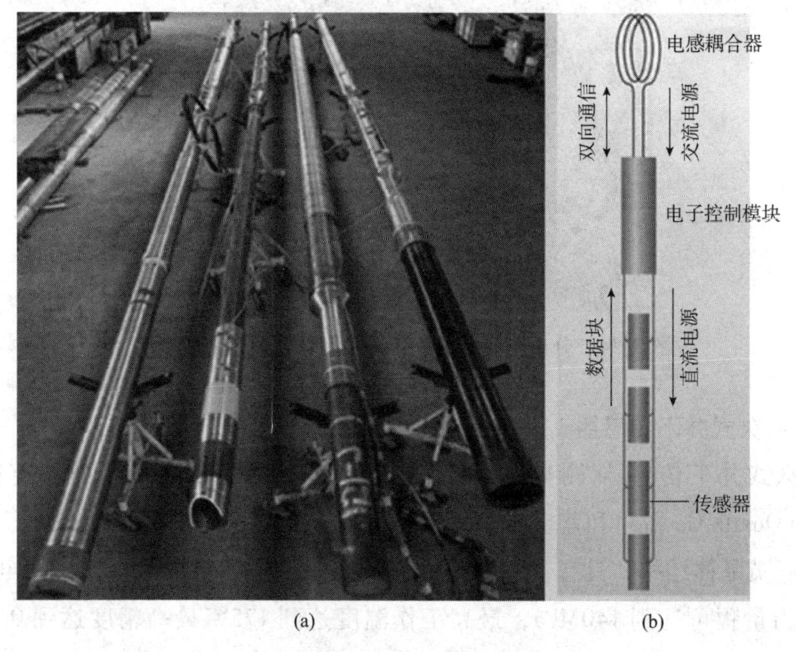

图3.32 井下流量监测系统与无线电磁耦合传导原理

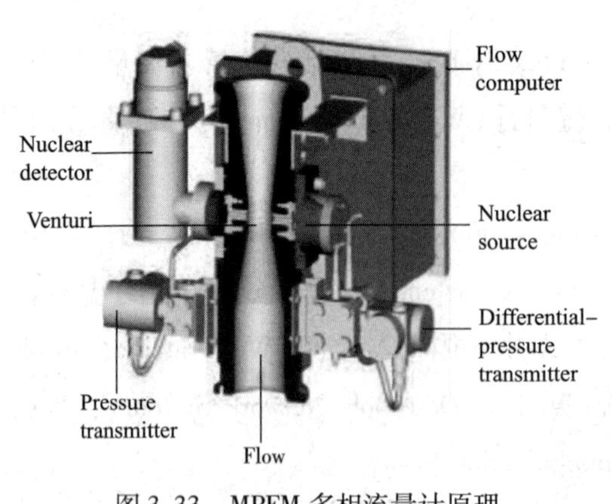

图 3.33 MPFM 多相流量计原理

2. 多相流量计

多相流量计是一套地面的复杂流量测量装置。

MPFM 多相流量计的测量原理是：基于文丘里管节流原理，通过压力传感器(差压传感器和压力传感器)测量得出流体的流速，利用射线仪表测量得流体的组分，通过流量计算机的补偿计算，得出较为准确的多相流流量。其组成原理如图 3.33 所示。

3. 分布式光纤温度传感器

分布式光纤温度传感器采用布拉格分布式光纤传感器测量分布温度。

将 DTS 光纤系统嵌入砾石充填层，利用生产层的向井流动焦耳－汤姆森温度原理，监测地层的渗流情况，测量系统布局如图 3.34 所示。

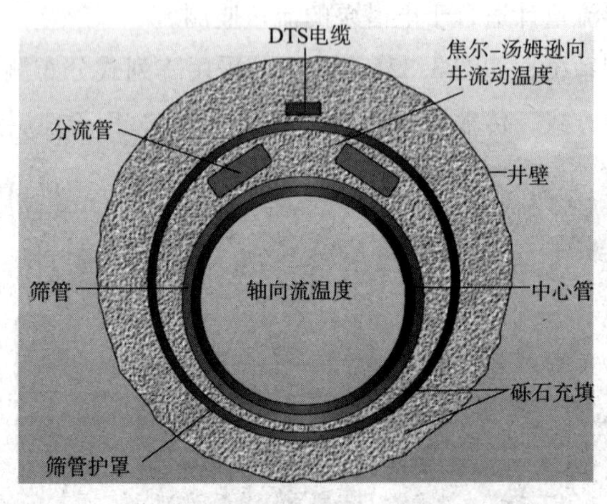

图 3.34 分布式光纤温度传感器系统测量地层温度分布

4. 永久式井下传感器

永久式井下传感器 测量地层压力、温度。所采用的压力传感器有硅(WellWatcher Quartz Gauges)和蓝宝石(WellWatcher Sapphire Gauges)两种。

全石英晶体结构，具有良好的弹性、长期稳定性和精确性，无模拟电路漂移，最高压力量程可达到 140MPa，最高工作温度达到 175℃最高精度达到 0.01% *FS*，最高分辨率达到 100Pa，广泛应用于永久性井下监测设备中。

蓝宝石系由单晶绝缘体元素组成，不会发生滞后、疲劳和蠕变现象；蓝宝石有着非常好的弹性和绝缘特性(1000℃以内)，对温度变化不敏感，即使在高温条件下，也有着很好的工作特性；蓝宝石的抗辐射特性极强；另外，硅－蓝宝石半导体敏感元件，无 p－n 漂移。因此，蓝宝石压力传感器可应用于井下环境中。

5. 井下总线网络系统

井下总线网络系统的功能包括了井下通信网络功能(WellWatcher WellNet Telemetry System)，集成压力、温度、流量测量功能，动力电源传输功能，以实现对井下设备的监测和控制。

井下的信号传输与电力传输是通过复合传输缆来实现的，将光纤、导线封装在一个保护套中，可以简化线缆的密封，减小尺寸，但接口会较为复杂。复合传输缆的结构如图 3.35(c)所示。

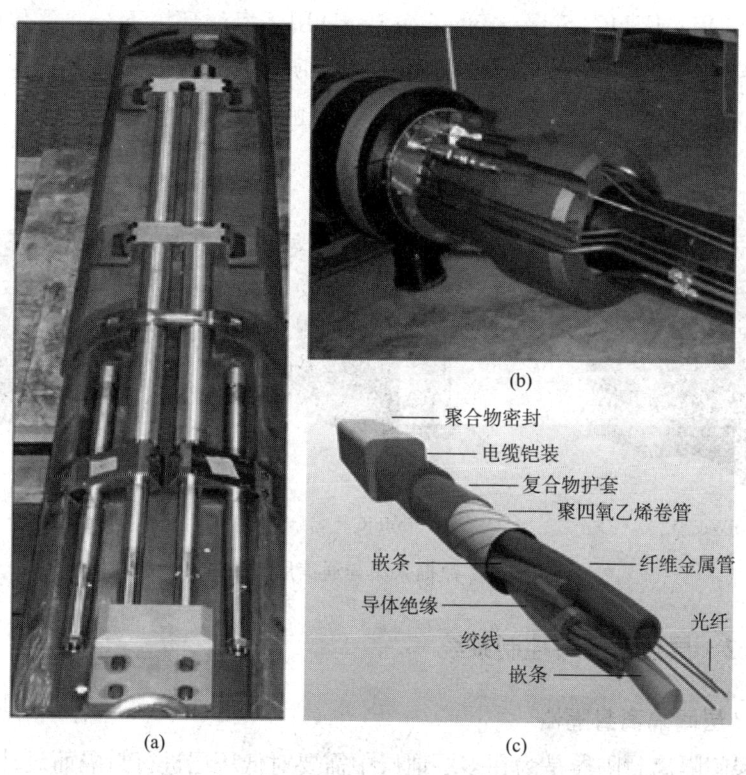

图 3.35 井下通信网络与传输线及其连接

井下复合传输缆和井下液压水力控制管线的连接，它们通过封隔器的过孔问题，在高温高压微小空间的限制下，都是比较困难的，斯伦贝谢的控制线连接连通如图 3.36(b)所示。

井下的通信与测量，斯伦贝谢将它们合成在一起，称之为 WellWatcher WellNet Station，可以测量压力、温度、流量，也具有通信和电力传输功能，其外观如图 3.35(a)所示。

6. 数据采集与通信系统

数据采集与通信系统位于地面，采用 SCADA 系统结构，包括与其他计算机(系统)的通信、井下设备的通信、井下信息采集、人机操作界面等功能。

RTAC(Real-Time Acquisition and Control System)是它的人机操作界面，基于实时数据库技术，实现人机友好的显示与操作。

采用了几种接口卡来实现地面计算机与井下不同测量设备之间的通信，其中：IWIC (WellNet Interface Card)用于地面控制计算机与井下通信节点(WellWatcher WellNet Station)的通信；IFIC(IWIS FSK Interface Card)采用 FSK 通信技术用于与井下传感器的通信；ESLIC(Subsea Interface Card)用于海洋环境下与井下传感器的通信。IWIC 卡、IFIC 卡、ESLIC 的外观如图 3.36 所示。它们能够通过远程技术与地面其他计算机实现相互通信，从而完成井下信息的采集和信息通信。

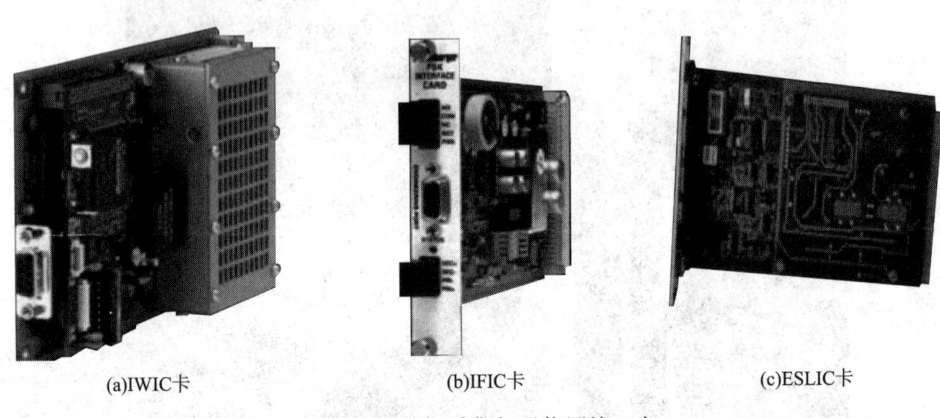

(a)IWIC卡　(b)IFIC卡　(c)ESLIC卡

图 3.36　数据采集与通信用接口卡

3.1.2.2　层位封隔与控制系统

1. XMP 层间隔离封隔器

XMP 层间隔离封隔器是为在多层地层中需要对低压层进行封隔而设计的，适合于与地面操作的井下流动控制设备和装在油管上的井下监测设备配合使用，XMP 层间隔离封隔器的工作筒内径较大，特别适合于要求采用大内径有关的完井，如单井眼完井。XMP 层间隔离封隔器结构如图 3.37 所示，技术参数如表 3.9 所示。XMP 层间隔离封隔器坐封机构消除了坐封过程中封隔器的运动，通过简单地提拉油管就可实现封隔器液压坐封和解封。

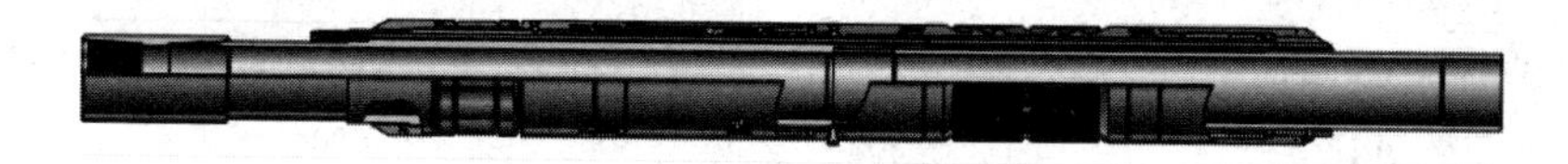

图 3.37 XMP 层间隔离封隔器结构图

表 3.9 XMP 层间隔离封隔器技术参数

套管尺寸/in	$9^5/_8$	$9^5/_8$	7	7
套管质量/(lbm/ft)	40~47	47~53.5	26~29	29~32
最大温度/°F	300	300	300	300
压差/psi	5000	5000	5000	5000
封隔器抗张强度/lbf	300000	300000	150000	150000
坐封方式	油管液压坐封			
推荐坐封压力/psi	3800	3800	3800	3800
封隔器长度/in	82.530	82.530	81.270	81.270
封隔器回收方式	垂直上拉机械解封			
电缆通路数量	7	7	4	4
最大外径/in	8.440	8.340	5.992	5.900
最小内径/in	4.750	4.750	2.940	2.940
上部压差/psi	5000	5000	5000	5000
下部压差/psi	与剪切解封有关			

2. QMP 多端口生产封隔器

QMP 多端口生产封隔器是一种液压坐封、可回收式封隔器，特别适合于智能完井，QMP 多端口生产封隔器结构如图 3.38 所示，性能参数如表 3.10 所示。在多层地层中，常当作上部封隔器与地面控制的井下流动控制阀和安装在油管上的油藏监测设备配合使用。封隔器允许在现场馈通和连接电力和液力管线，完成管线馈通后，要对封隔器上的控制管线接头进行测试。封隔器以整体工作筒结构和偏心流道为特征。QMP 生产封隔器可适用含 H_2S、CO_2 等酸性气体的环境。

图 3.38 QMP 多端口生产封隔器结构图

表 3.10　QMP 多端口生产封隔器技术参数

套管尺寸/in	9⅝	9⅝	7	7
套管质量/(lbm/ft)	40 ~ 47	47 ~ 53.5	26 ~ 29	29 ~ 32
最大温度/℉	300	300	300	300
压差/psi	5000	5000	5000	5000
封隔器抗张强度/lbf	300000	300000	150000	150000
坐封方式	油管液压坐封			
推荐坐封压力/psi	3800	3800	3800	3800
封隔器长度/in	96.880	96.880	82.530	82.530
封隔器回收方式	垂直上拉机械解封			
电绕通路数量	7	7	4	4
最大外径/in	8.440	8.340	5.992	5.900
最小内径/in	4.750	4.750	2.940	2.940

3. 井下控制设备

井下控制设备(Downhole Flow Control Valves，FCV)主要有双线(Dual-Line Flow Control Valve)和单线(Single-Line Flow Control Valve)两类。双线 FCV 有 TRFC-HB AP、TRFC-HB LP 和 Odin-FCV，单线 FCV 有 TRFC-HN AP 、TRFC-HN LP、TRFC-HM AP 、TRFC-HM LP、WRFC-H 等几种型号。其 TRFC-HB、TRFC-HN、TRFC-HM 与 WRFC-H 结构如图 3.39 所示。

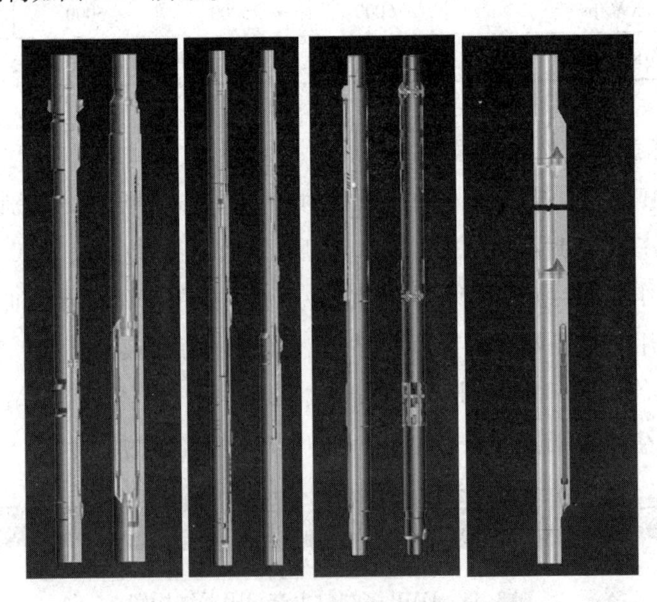

图 3.39　Schlumberger 公司 FCV 结构图

（1）Dual-Line Flow Control Valve

TRFC-HB AP、TRFC-HB LP 和 Odin-FCV 由液力驱动，每个阀有 2 根液压控制线，其中的 1 根可以与其他井下 FCV 共用，成为公共端，另 1 根线需要每个 ICV 独立 1 根。Odin-FCV 结构如图 3.40 所示。

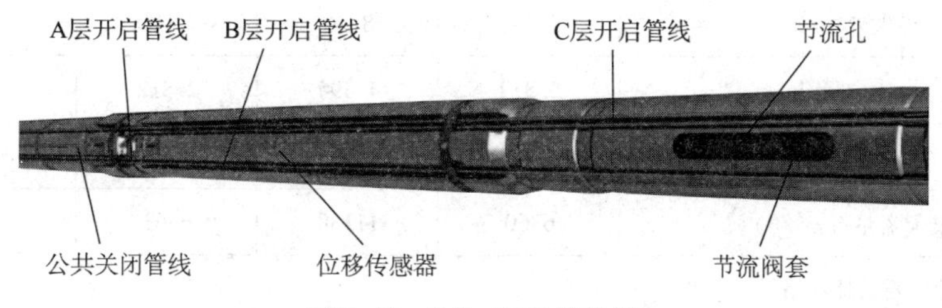

图 3.40 Odin-FCV 结构图

TRFC-HB AP/LP 都是开关型滑套阀。更换（选用）不同标识（ID）的运动滑套，可以适用于不同的压差要求。

TRFC-HB 阀有两种版本，一种用于管内（in-line）开关，另一种用于环空地层（annular valve）开关。

TRFC-HB 阀驱动力很大，当控制线的液压压力为 10000psi 时，活塞的驱动力可达到 45000lbs。材质满足 NACE MR0175 规范，密封材料为聚四氟乙烯（Teflon）。TRFC-HB 阀的性能参数如表 3.11 所示。

表 3.11 TRFC-HB 阀的性能参数

	环空阀（AP）		管内阀（LP）	
尺寸/in	3½	4½	3½	4½
最大外径/mm	148.5	172.4	171.8	216.2
最小内径/mm	71.42	95.2	71.4	92.0
滑套内径/mm	71	94	71	91
总长/mm	2642	2972	3861	3226
最大流量/（m^3/d）	6360	10335	6360	10335
工作压力/psi	10000	7500	10000	7500
最高工作温度/℃	175	125	175	125

双线 FCV 主要用于多层合采智能完井、生产井、注水/气井、严重腐蚀与高温高压环境的油井。通过降低含水率与含气率，提供更好的生产与注水剖面提高波及系数，并且通过定期地层测试增加油藏的认识，降低修井作业费用，实现最大化生产。Odin-FCV 的性能参数如表 3.12 所示。

表 3.12　Odin-FCV 主要性能参数

Odin 流量控制阀规格				
类型	环空阀(AP)		管内阀(LP)	
尺寸/in	3½	5½	3½	5½
最大外径/in	5.844	8.26	7.900	8.93
最小内径/in	2.812	4.495	2.812	4.312
总长/in	139	158	170	208
最大流量/(m^3/d)	6360	11130	6363	7155
Odin 流量控制系统规格				
节点位置数量	8(开、关+6个节点)			
最大通流面积	125%油管面积			
执行机构原理	地面均衡双液压线			
旁通控制线	4根0.433in 封装控制线或6根0.250in 控制线			
控制线类型	反向双箍连接器(可选的液压干接头连接器)			
材　料				
材料规格	NACE MR0175			
密封材料	聚四氟乙烯			
控制线流体相容性	油或水基			
操作数据				
工作压力/psi	6500；7500；10000	7500；10000	6500；7500；10000	7500；10000
最大均衡压差/psi	3000	1500	3000	1500
最大连续压差/psi	1500			
最高工作温度/℃	162			
环境条件				
冲蚀/psi	1500 压差通过节流口			
砂子浓度(按重量)/%	2			
阀寿命/a	20			

(2) Single-Line Flow Control Valve

单管线的 FCV 有 TRFC-HN AP、TRFC-HN LP、TRFC-HM AP、TRFC-HM LP、WRFC-H 等几种型号。

单管线FCV只用1根液力水力线实现对阀的位置的控制。每个阀有1根独立的与地面液压系统相连通的液力水力管线，采用它的Camco地面控制安全阀技术(Camco surface-controlled subsurface safety valve technology, United States Patent 5975212)，由不同的压力驱动阀套运动到某个选定的节流位置，液力控制管线放压后，阀内的压缩气室回到相应位置，保证阀套保持在其位置。

单管线流量控制阀要与地面监控系统配套工作。

TRFC-HN型和TRFC-HM型阀都可以有全开、全关以及9个中间节流位置。两者都有LP(管内，in-line)和AP(环空地层，annular)两种。

3.1.2.3 Decide实时智能生产优化软件

Decide！是E&P行业内第一套实时油田管理平台，集合了数据挖掘技术和油藏工程技术。该平台以确定性模拟方法、统计模拟方法和计算智能模拟方法为基础，使用了人工神经网络、遗传算法、寻优编程和知识库系统等技术，具有模式识别、时间序列预测和优化等功能。通过对实时采集数据的学习、挖掘，发现数据后面之间的复杂关系，为油田、油井的智能化提供一种强有力的信息管理手段。Decide！数据中枢综合了数据仓库和SCADA技术解决方案，通过Decide！桌面将实时监测数据自动传送给工程师。此外，Decide！实时事件监测(D！RTEM)功能提醒用户可能出现的情况，使用户能更主动地进行生产管理。

3.1.3 Baker Hughes IWS技术

Baker Hughes公司的智能完井技术包括InForce(液压智能完井技术)和InCharge(全电子智能完井技术)，如图3.41和图3.42所示。

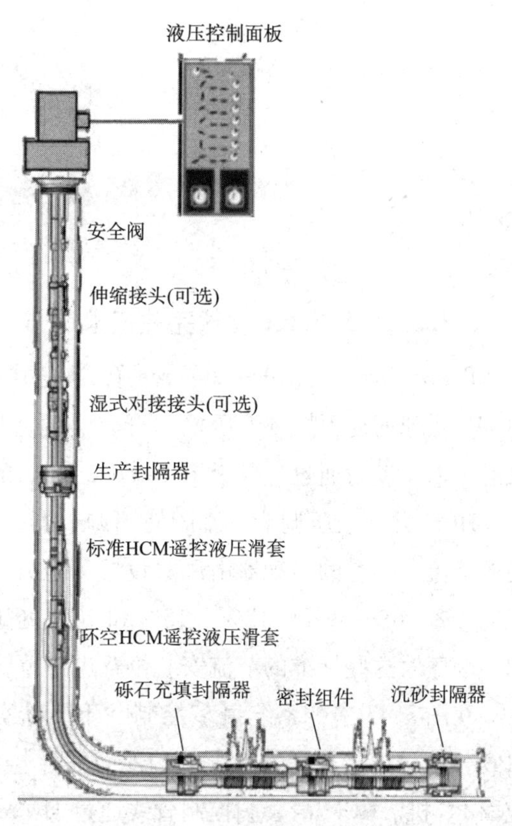

图3.41 InForce系统

Baker Hughes的智能完井技术同样由地面监控系统、地面液压水力系统(Hydraulic Power Unit, HPU)、封隔器、控制线缆及其连通连接器(Packer)、井下永久监测仪表、ICV 等组成。

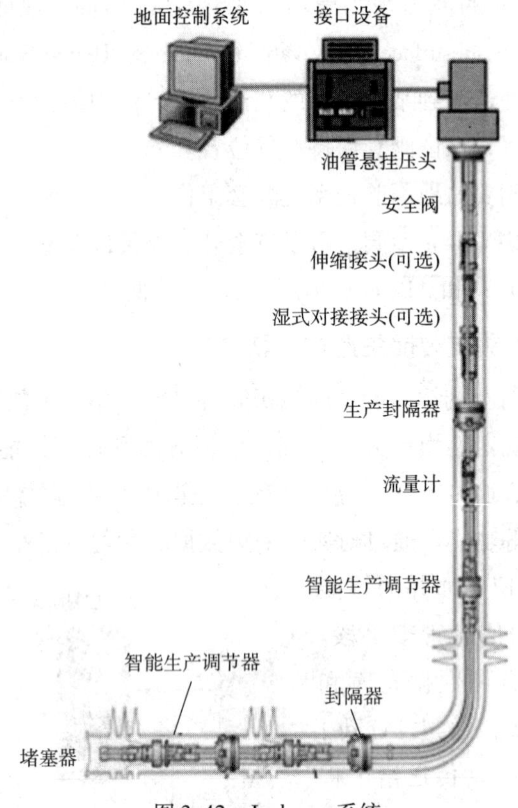

图 3.42 Incharge 系统

3.1.3.1 InForce 智能完井技术

Baker Hughes 公司的 InForce 智能完井技术采用液压操作系统，井下使用 HCM™系列的远程控制液压操作滑套实现远程流动控制，提供打开/关闭两种控制状态，液压动力通过外径为 1/4in(6.34mm)的液压管传输。

HCM 井下液压调节节流阀使用调节器及 8 个节流位置的启动器来实现多个位置的节流。标准的启动器由厂家设置为全开、全关和 6 个节流位置(总油管截面面积的 3%、6%、9%、12%、15% 和 20% 处于节流安装位置)，也可以按照用户订制的顺序对这些标准的节流安装位置进行重新设置。

在图 3.43 中，系统最多控制井下 3 个分支，井下 Permanent Downhole Gauges (PDG)信号通过长度为 1000m 的地面平台电缆传输到 Gauges Interface 并集中输送到地面 PC 机。HCM 滑套阀控制管线通过 Hydraulic Control Panel(HCP)单元传输控制信号，此单元可以被手动泵替换。这些控制管线连接到一个驱动内部滑套的平衡液压腔室上。压力施加于“打开”管线上时，处于“回流”管线上的地面阀与液压油箱保持连通状态，一旦达到移动压力，内部滑套移动，暂时露出平衡滑槽，直到控制阀全部打开。为了关闭滑套，则将压力施加于“回流”管线上，此时，处于“打开”管线上的地面阀与液压油箱保持连通状态。利用这个简单原理，就能正确指示滑套是否被成功关闭或打开。

控制过程通过连接到SCADA控制设备上的工作阀和执行器完成。在设计过程中，液压控制功能可设计到作业人员井台控制面板上。InForce适用于平台和陆地的直井、斜井和水平井。

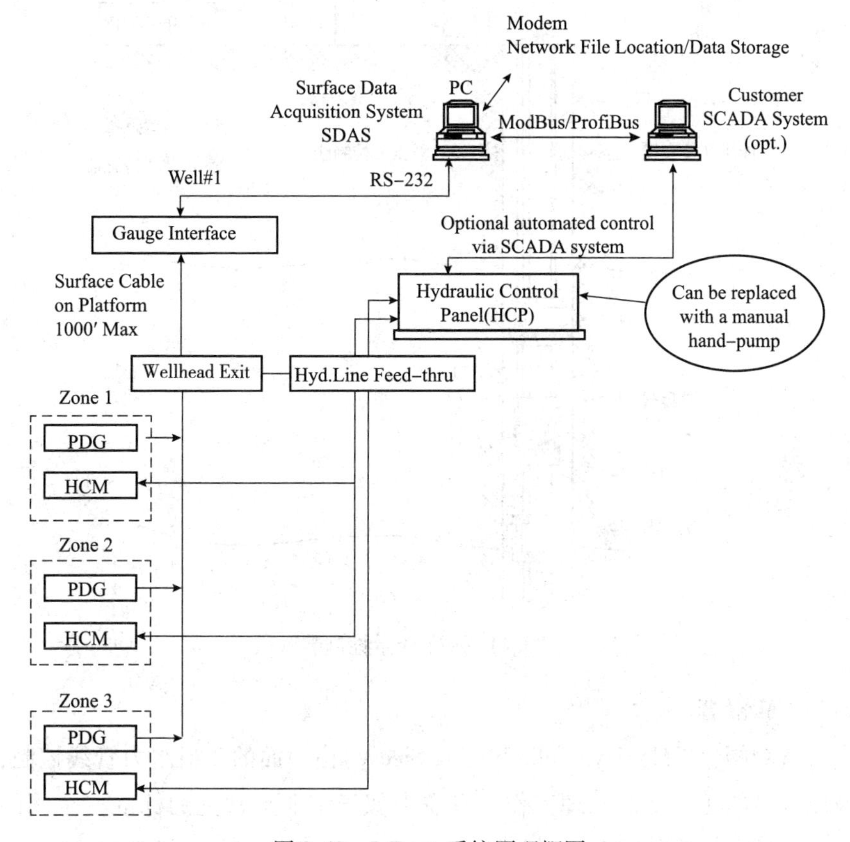

图3.43　InForce系统原理概图

1. 井下流量控制装置

井下流量控制装置如图3.44所示。节流阀通过液压平衡活塞进行调节，其液压平衡活塞上的每个阀门带有2条控制线路，在液压平衡活塞上增加1个活塞式气门，可以设置出共用同一个关闭线路的多阀门组，从而减少总的线路数目。液压作用在线路的任何一面上都可以产生较高的推动力，能够很容易克服井内各种条件产生的摩擦力。由于阀门周期性地全开，因此压力可以倒转过来指向下一个节流位置，实现从一个位置到另一个位置地对节流阀进行调节。

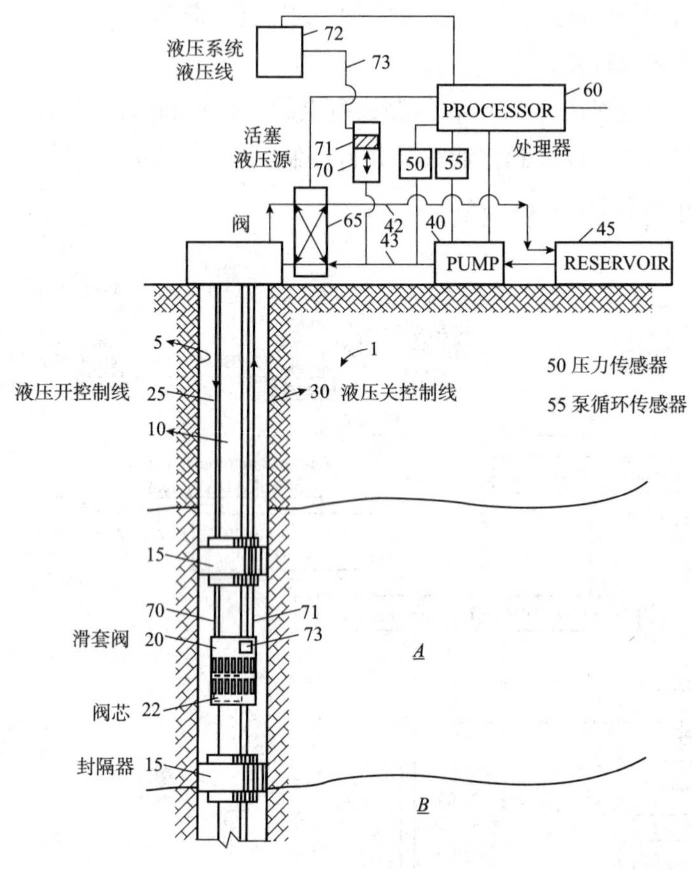

图 3.44　井下流量控制装置

(1) HCM 滑套

水力滑套阀(HCM，Hydraulic Sliding Sleeve)由地面的 2 根水力管线控制，基于阀的液压缸室的压力平衡原理工作，有点类似于工业上常见的标准安全阀的原理，为开、关型阀，结构如图 3.45 所示。HCM-A adjustable choke 是在水力滑套阀的基础上改进的，为节流型，有可以更换的 6 种节流滑套。

(2) HCM-Plus™滑套

HCM-Plus™是 HCM™滑套的改进型号，具有选择性分层生产和注入的功能，不需要修井作业，采用液压方式实现滑套的打开和关闭，通过连接地面和井下滑套补偿活塞的 2 条液压控制管线传递液压。

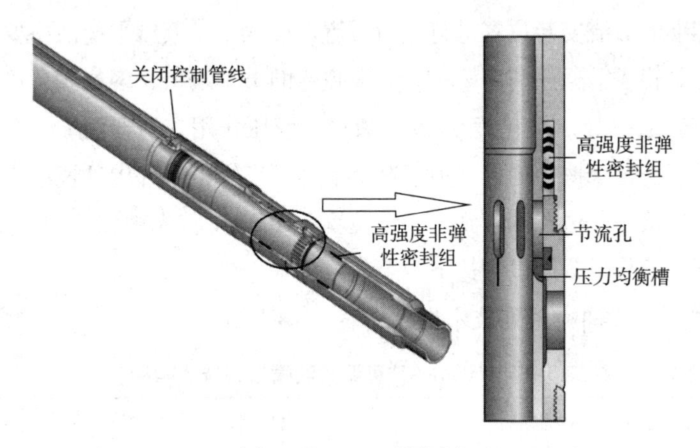

图 3.45 HCM 结构图

此外，HCM-Plus™具有一个面向下部的“关闭”端口，以消除普通闭合结构所需要的“Y”形分叉接头。

HCM-Plus™滑套系列技术指标如表 3.13 所示。

表 3.13 HCM-Plus™滑套系列技术指标

型号尺寸/in	3½	4½	5½
油管尺寸/in	3½	4½	5½
密封孔/端面尺寸/in	2.812	3.750	4.562
外形选择	A－1，AR，AF		
最大外径/in	5.25	6.25	7.375
最大通径规外径/in	5.85	6.9	8.255
工作压力/psi	7500	7500	6300
压差卸载限制/psi	1500	1500	1500
抗张强度/kg	63492	130635	122449
最高温度/℃	163	163	149
控制腔压力/psi	10000	10000	6300
活塞缸容积/in^3	19.17	31.08	28.4

(3) HCM-A™可调式油嘴系列

HCM-A™是一种多位节流器，适用于无需实施修井作业的选择性分层控制。采用液压方式实现阀开/关或多级调节，通过连接地面和井下滑套补偿活塞的液压控制管线传递液压。

HCM-ATM 标准的启动器由厂家设置为全开、全关和 6 个节流位置(总油管截面面积的3%、6%、9%、12%、15%和20%处于节流安装位置)，也可以按照用户订制的顺序对这些标准的节流安装位置进行重新设置。HCM-A™液压平衡活塞要求每个控制阀配置2条控制管线，通过利用第三个活塞腔室的1个端口，多位阀可以设计为共享1条公用闭合管线，以减少控制管线的总数量。液压作用在活塞两端，在两个方向上都产生一个高于密封摩擦力的推动力，这个很容易克服由于井内环境产生的额外的摩擦。为了将油嘴从一个位置调节到另一个位置，HCM-A首先被调整到完全打开状态，然后再调整到接近某个刻度以到达下一个节流位置。

HCM-A™可调式油嘴系列技术指标如表3.14所示。

表3.14 HCM-A™可调式油嘴系列技术指标

油管尺寸/in	3½	5½
最大工具外径/in	5.340	8.00
最大通径规外径/in	5.856	8.31
密封筒内径/in	2.812	4.43
流动控制锁紧齿廓	A-1，可选	
节流位置数量	6节点+全开/全闭	
标准节流位置(油管总面积的/%)	3，6，9，12，15，20	
最大流量/(m^3/d)	2385	>2385
最大工作压力/psi	7500	
抗张强度/lb(kg)	140000(63492)	351000(159210)
最大扭矩/lbf·ft(N·m)	2250(3051)	6200(8407)
最大开启压差/psi	3000	1500
切换节流器的标准控制管线压力/psi	1500~2000	
工作温度/℃	4~163	4~149

3.1.3.2 InCharge全电子智能完井技术

InCharge全电子智能完井技术是第一套高级智能完井系统，它实现了完全电气化，是首次完全依靠电力驱动和传输的智能系统。

InCharge是利用电力控制的IPR(Intelligent Production Regulator)滑套、封隔器来实现远程控制的智能完井系统。系统中每一个IPR滑套都集成了一个电动驱动的可调节流阀和多个压力、温度传感器，无级可调节流阀可以精确控制流量或注入压力，并且节流阀装有位置传感器，可精确显示节流阀的位置，在断电后无需重新设定节流阀位置。InCharge系统的所有电力、传输、控制线都封装在1根1/4in电缆中，增加了系统的可靠性，减少下入时间和相关费用。其电力产生的驱动力可达到45kN，能监控多达12个层段，一套地面InCharge控制系统可以监控12口井。

InCharge 具有以下几个特点：

(1)电力驱动；

(2)监控多达 12 个层段；

(3)每层有 1 根 1/4in 的控制线；

(4)无级可调节流阀。

InCharge 可以实时监测油管中与环空中流体的压力、温度和流量，且其无极可调节流器可以有选择地控制单层的流量。InCharge 即可以用于垂直井、斜井和水平井，也可以用于陆上或海上，也适用于平台或水下。

1. 系统组成

InCharge 原理组成如图 3.46 所示，从图 3.46 可以得出系统采用总线型(ModBus/ProfiBus)网络拓扑结构，横向最多控制 12 个井，纵向最多控制 12 个井下分支。其中 WIU(Well Interface Unit)为井口单元，HVPS(High Voltage Power Supply)为高压电源。井下阀(节流 Choke)和压力、温度集成为一个称为 SCTI 的智能节点，且控制阀的电机电源与压力、温度测量的电源是分开的。Tubing Encapsulated Conductor (TEC)电缆长度 3×10^5ft。

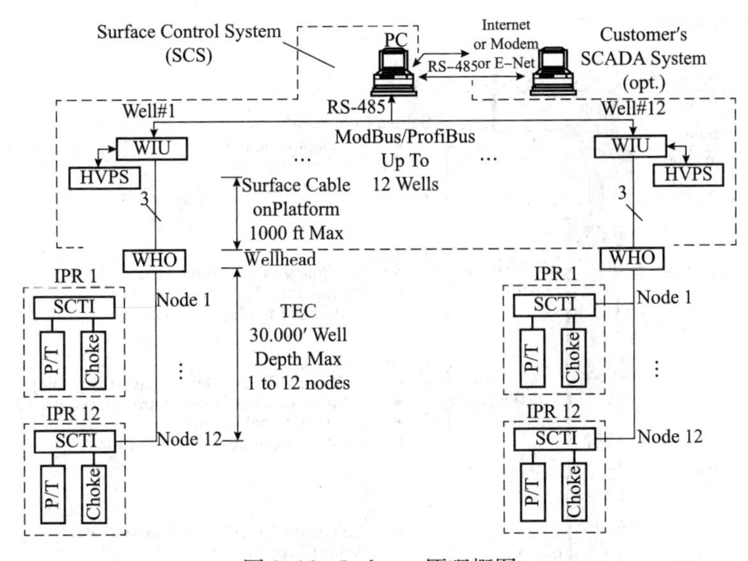

图 3.46 Incharge 原理概图

2. 地面系统

Incharge 的地面控制系统如图 3.47 所示。从过程控制的角度看，智能完井是一个实时的网络系统，地面监测和控制单元实时监测和控制井下四大节点。PC 机与

WIU(Well Interface Unit)相连，为井下网络提供电能和通信。对于所有的传感器，每4个井下节点以1b/s的采样速率寻址和传送各种数据参数。

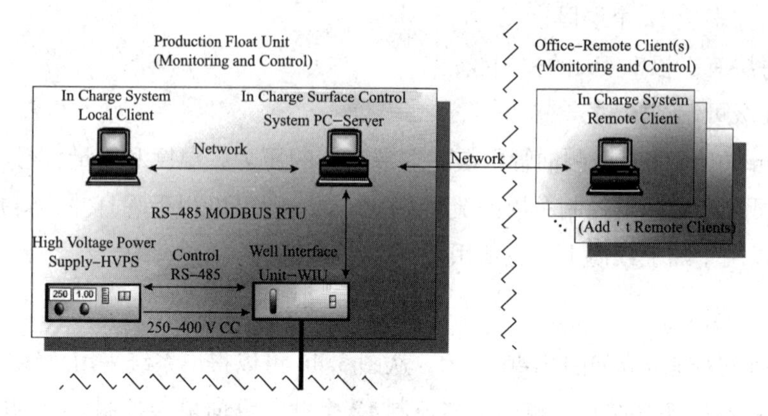

图3.47　InCharge地面系统组成

3. 井下层间流体控制系统

(1) IPR滑套

InCharge井下层间流体控制主要由IPR滑套阀及FMU(Flow Measurement Unit)组成，如图3.48所示。

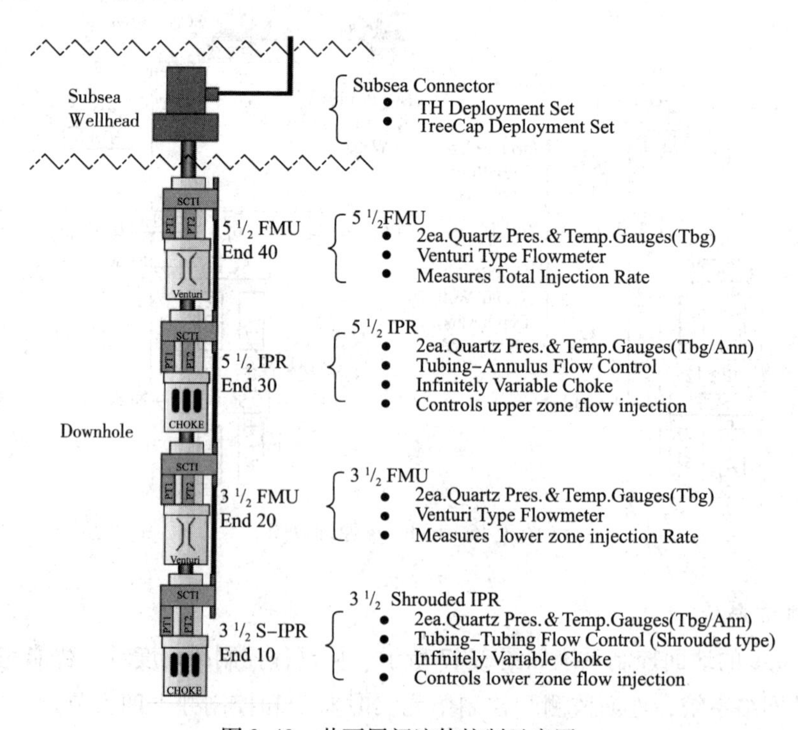

图3.48　井下层间流体控制示意图

在 InCharge 中，IPR 是井下主要组成部件。IPR 主要由 Electronic Housing Assembly、Actuator Section、Valve Section 三部分组成，如图3.49 所示。系统中的每一个 IPR 都集成了一个电机驱动的调节阀和多个压力温度传感器。无级可调控制阀可以精确控制注入流量或注入压力，位置传感器可精确检测控制阀的开度位置，且在断电后能保持阀的位置。同时要求驱动 IPR 执行机构的电源、传感器电源及数据传输的信号线由地面通过一根 TEC 电缆实现。

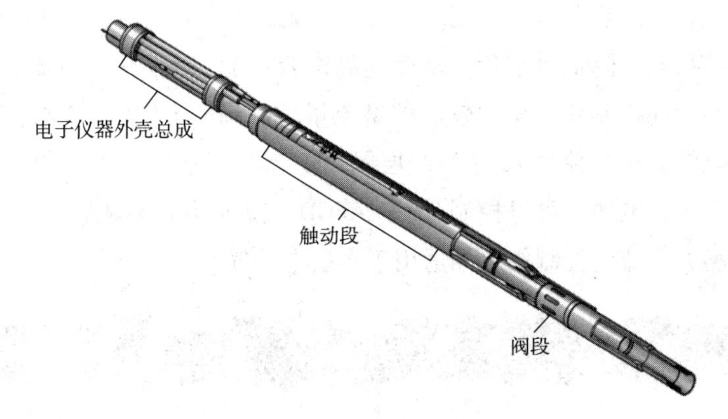

图 3.49　IPR 滑套阀结构图

IPR 滑套具有以下特点：

①电源、通信及控制经过一根 TEC 电缆，增加了安装的可靠性，减小了运行时间及与之相关系统的成本；

②电气执行机构的推动力达到 45kN，在摩擦力较大的环境中（如沙地、结水垢、石蜡）能推动 IPR 的执行机构；

③高精度的石英压力、温度传感器提供独立的管子及沙表面测量值。

Incharge 需具备以下部件：

① 伸缩接头，5½in × 20ft；

② 电动机械式井下可拆分/连接的设备；

③ 9⅝in × 5½in 的多种大小直径的直通封隔器；

④ 具有全开位置和内部外部的 P/T 传感器的 5½in 可调节流阀；

⑤ 单相 5½in 流量计；

⑥ 具有全开位置和内部外部的 P/T 传感器的 3½in 可调节流阀；

⑦ 单相 3½in 流量计；

⑧ ¼inTEC 电缆，11mm × 11mm 封装；

⑨ 海底湿式电插接件。

(2)AFCD井下流量控制阀

AFCD井下流量控制阀可有选择性地对每个生产层段的流入进行单独控制，从而达到控制开采动态的目的，AFCD结构如图3.50所示，主要技术参数如表3.15所示。AFCD井下流量控制阀包括4个不同的节流位置及完全开启和关闭位置，涵盖储层特性、流体和开采动态不确定性的方方面面，结合现代井下监测系统和流体流动模拟技术，可使AFCD井下流量控制阀在石油开采和注水的全寿命周期内的任何时候保持最佳的开启开度，实现均衡流动，无需干预作业。如果某个层段发生水侵，全关闭该层段可降低含水量，从而提高综合产能。AFCD井下流量控制阀整体更加小型化与智能控制化。相比较液控型流量控制阀(至少需要2根液压控制管线与1根通信电缆，至多控制12个生产层段，配套井下监控系统)，AFCD井下流量控制阀只需要1根电缆就可以控制27个AFCD，减少井下工具的数量与管线数量。因此，电控型井下流量控制阀更加适用于多层合采气井。

图3.50 AFCD井下流量控制阀

表3.15 AFCD主要性能参数

油管尺寸/in	$2\frac{7}{8}$
最大工具外径/mm	88.9
内径/mm	50
节流位置	4节点+全开/全闭
最大工作压力/MPa	51.7
最大拉力/kN	622.3
最大压力/kN	422.3
最高工作温度/℃	125

InCharge设计简单，消除了水下动力系统中的液压部分，是采用电力监测和电力无级调节阀门的智能完井技术。InCharge同样可适用于直井、定向井和水平井，适用于完成在陆上、海上、平台上或水下的井。InCharge对水下井经营者特别有价值之处在于穿越封隔器和井口的控制线是单根。

智能完井井下生产流体控制系统的国外研究状况表明，随着科技的不断进步，人们总是在不断寻求方便快捷且可靠的方法来改变生产方式，从直接液压系统到全电动控制系统，智能完井技术仍处在不断地研究发展过程之中。

3.1.4 Weatherford 智能完井技术

迄今为止，威德福公司在全世界范围，大约有1250口井中成功安装了2600只光纤传感器。威德福公司光纤智能完井技术中光纤测量系统是世界上最为全面、最为成熟的井下监控技术。

3.1.4.1 光线井下监测系统

1. 单点光纤温度、压力传感器

单点光纤温度、压力传感器是对某一个位置点进行测量，示意如图3.51所示。威德福公司的单点光纤温度、压力传感器是利用光纤光栅原理制作的，其技术参数如表3.16所示，外形如图3.52所示。

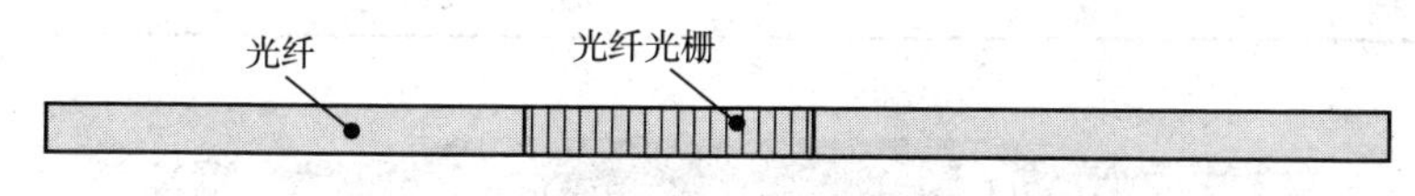

图3.51 单点光纤温度、压力传感器示意图

表3.16 单点光纤温度、压力传感器技术指标

额定压力范围/(psi/MPa)	大气压~10000(69)	大气压~20000(137.9)
过载压力/MPa	在150℃时172.4	
坍塌压力/MPa	172.4	
破裂压力/MPa	在室温下，241.3	
额定温度范围/℃	25~150	
最高温度/℃	175	
最低储存温度/℃	-50	
压力精度/(psi/MPa)	±2(0.01)	
压力长期稳定性/(psi/MPa)	<0.5 (0.003)/a	
压力分辨率/(psi/MPa)	≤0.03(0.0002)	
温度精度/℃	±0.1	
长期温度稳定性/℃	0.1/a	
温度分辨率/℃	0.02	
冲击	500g	

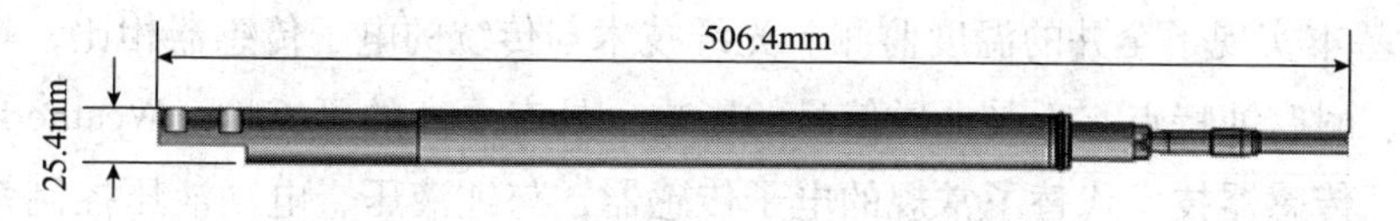

图3.52 单点光纤温度、压力传感器外形图

传感器通过安装装置安装在完井管柱上，安装装置可为光纤压力传感器提供保护，以便保证可靠的操作，其技术参数如表3.17所示，外形如图3.53所示，其与传感器安装示意如图3.54所示。

表3.17 传感器托筒(安装装置)技术指标

尺寸/in	2⅞	3½	4½	5½	7
最大外径/mm	109.40	122.22	153.16	180.97	215.77
最小外径/mm	62.00	76.00	100.53	124.26	157.07
破裂压力/(psi/MPa)	10570/72.9	10160/70.1	8430/58.1	7740/53.4	8160/56.3
坍塌压力/(psi/MPa)	11170/77	10540/727	7500/51.7	6290/434	7030/48.5
最小套管尺寸/in	5½	6⅝	7	8⅝	9⅝
托筒长度/mm	1447.80				
材料	N80；13%Cr				

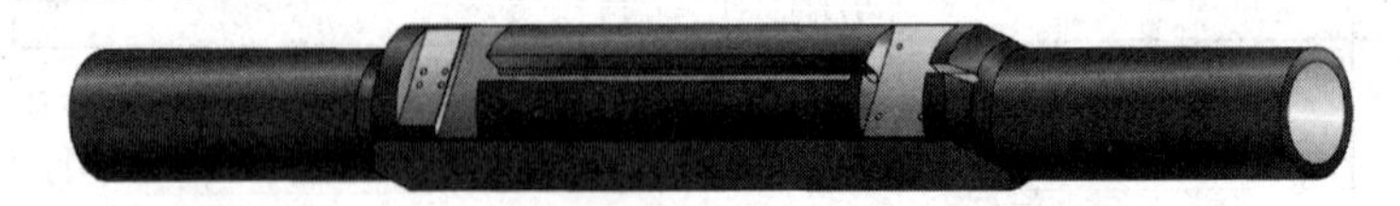

图3.53 光纤温度、压力传感器托筒外形图

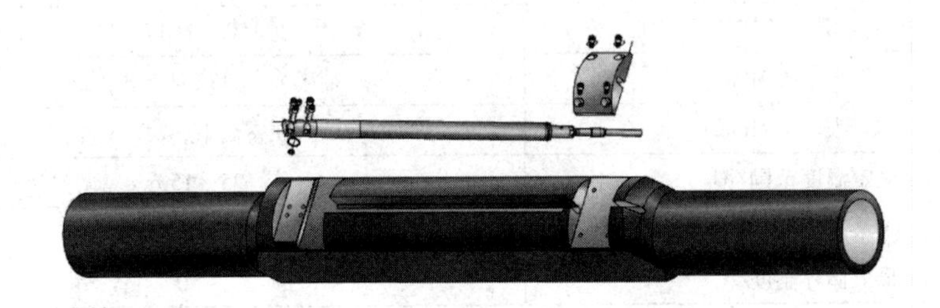

图3.54 传感器安装示意图

2. 光纤分布温度传感器

分布温度传感器是将光纤沿完井管柱布置，进行温度的分布测量。随着温度在井中的变化，它会影响激光脉冲光源沿光纤束反向散射的方式，并因此而指示出井的温度和深度，这种提供连续剖面数据的能力在监测井下生产状况方面是独特的。

Weatherford公司的井下光纤传感器能够连续监测井眼温度的最小距离达到了0.5m，基本实现了全井的温度监测。光纤技术与传统的电子传感器相比，具有更好的耐温、耐腐蚀特点，不受电磁信号的影响，具有更高的可靠性。Weatherford公司利用光纤传感器技术代替了常规的电子传感器，与纯液压、电动液压控制系统相结合，能够完成全井立体、实时监测，方便快捷地调整井下多个储层的开采。

测量结果传回解调装置如图3.55和图3.56所示。技术参数如表3.18所示。

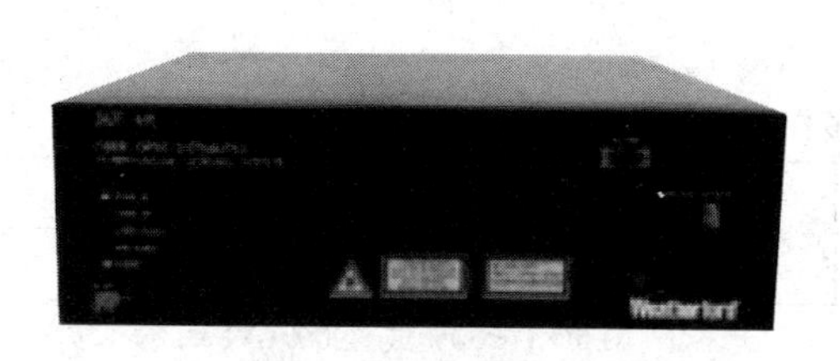

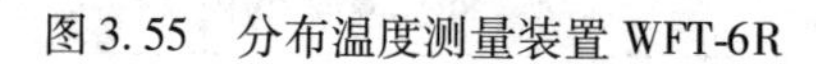

图3.55 分布温度测量装置 WFT-6R

图3.56 分布温度测量装置 WFT-E10

表3.18 光纤分布温度传感器技术参数

项目	WFT-E10	WFT-6R
规定距离/km	10	6
最大操作距离/km	15	10
采样分辨率/m	1	0.5~1.0
空间分辨率/m	<2	
温度分辨率/℃	<0.1	
温度精度/℃	0.5	
测量间隔时间	10s~24h	
短期稳定性/℃	30h内 <0.2	45h内 <0.1
精度/℃	全部工作条件下 <3	
电源电压	100到120，200到240VDC	24VDC，100到120，200到240VAC
电源频率/Hz	50或60	
视在功率/(V·A)	最大60	
DTS模块高度	6U	3U
DTS模块重量/kg	17	2.2
绘图仪重量/kg	9.5	
绘图仪尺寸/mm	312(*W*)×124(*H*)×305(*D*)	
操作温度/℃	0~40	
存放温度/℃	-10~60	
相对湿度	最大85%，无冷凝	
运输振动	5~50Hz，0.5g；50~500Hz，3.0g；	
操作冲击	30g，11ms	30g，30ms

3. 光纤流量计

目前，光纤流量计包括光纤光栅涡街流量计、光纤质量流量计、光纤涡街流量计以及光纤涡轮流量计等。其中将光纤光栅与传统涡街流量计结合形成的光纤光栅涡街流量计比较成熟，威德福公司的产品就是利用该原理制成的。其多相流量计的性能参数如表3.19所示。

表3.19　井下多相流量计性能参数

体积流量精度	±1%
流量精度，油－水	±5%（0～100% WLR）
流量精度，液－气	±5%（<30%或>90% GVF）
	±5%（30%～90% GVF）
衰减比率（最大流量/最小流量）	>20
最小流速	Liquid：0.9m/s
	Gas：3m/s
额定压力	10000psi（69MPa）
操作温度/℃	标准：25～125
	高温：25～150
存储温度/℃	标准：－50～125
	高温：－50～150
振动	15Grms，随机
	10～2000Hz
冲击	100g，半正弦10ms
材料	INCONEL718
	Super Duplex 25 Chrome
光纤连接器	3针干耦合连接器

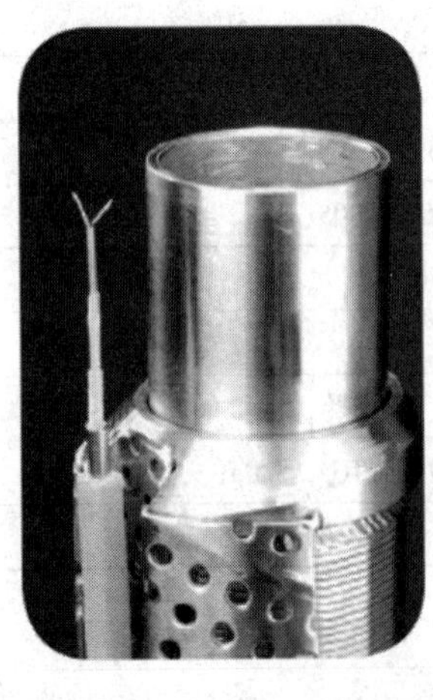

图3.57　智能筛管结构

4. 智能筛管系统

智能筛管系统包括两大高效的、成功的技术——井筒筛管和光纤传感。这两项技术保证了安全、方便、永久监测砂控完井。该系统可以进行全井眼的分布温度测量，可以有效地监测完井、连续生产以及井眼诊断等。除此之外，该系统还提供了安装其他光学传感器的能力，比如安装温度、压力传感器，流量计，地震检波器等，在一个地层或多个地层间，仅用1根光缆。智能筛管如图3.57所示。

3.1.4.2 地面监测系统

地面监测系统的主要任务是实现井下光信号的解调，以便完成测量并存储井下数据；对数据进行分析，判断井下发生的各种情况，绘制各种与生产有关的图表，最终把这些数据和分析结果传送给油井优化开采系统。地面监测系统包括硬件设备和软件系统，整体系统如图 3.58 所示。

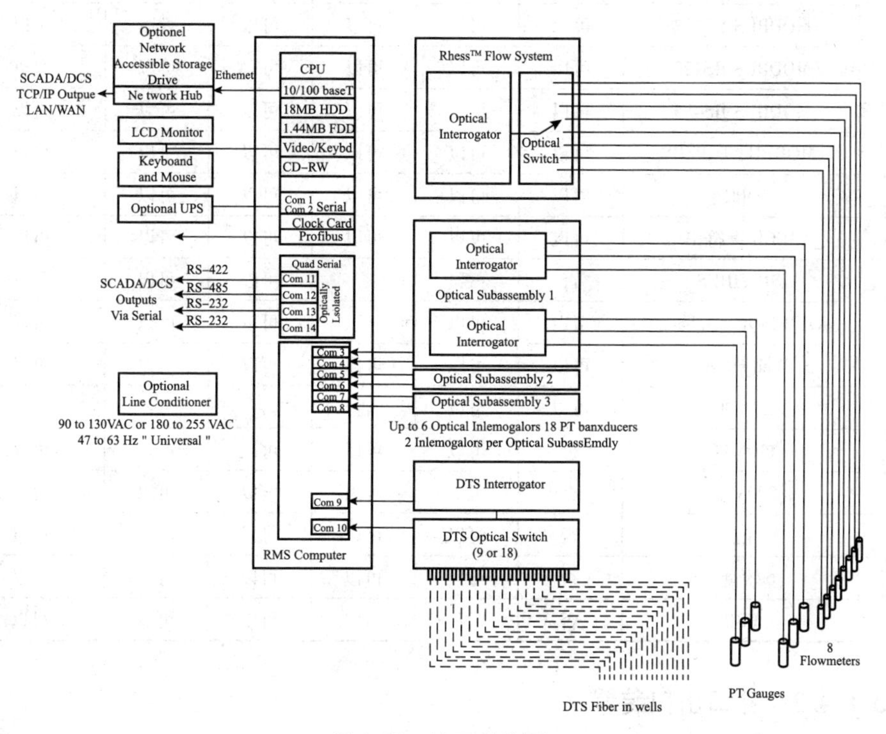

图 3.58 地面系统图

地面硬件设备主要指用于传感器的地面设备，例如光纤传感器的光源、光电探测器、光调制机构和信号处理器等。软件包括测量软件、存储软件、分析软件等。地面设备的类型和配置很大程度取决于传感器的类型，其次受环境和所需的数据处理界面的影响。不同系统的功能如表 3.20 所示。

表 3.20 不同地面监测系统适用情况

	地面系统	RMS-WH	RMS Lite	RMS Lite with DTS	RMS	RMS with DTS	RMS with flow and DTS
使用环境	空调控制室	可以	可以	可以	可以	可以	可以
	沙漠	可以	否	否	否	否	否
	海底	否	可以	可以	可以	可以	可以

续表

	地面系统	RMS-WH	RMS Lite	RMS Lite with DTS	RMS	RMS with DTS	RMS with flow and DTS
传感器配置	温度压力传感器数目	6	3	3	24	24	24
	分布式传感器(DTS)数目	0	0	3	0	9	9
	流量传感器数目	0	0	0	0	0	8
接口配置	MODBUS RS232	可以	可以	可以	可以	可以	可以
	MODBUS RS422	可以	可以	可以	可以	可以	可以
	MODBUS RS485	可以	可以	可以	可以	可以	可以
	MODBUS TCP/IP	可以	可以	可以	可以	可以	可以
	OPC	可以	可以	可以	可以	可以	可以
	ASCII 字符串	可以	可以	可以	可以	可以	可以
	PROFIBUS	否	否	否	可以	可以	可以
	ODBCSQL database	可以	可以	可以	可以	可以	可以
	Web viewer	可以	可以	可以	可以	可以	可以
电源配置	24VDC	可以	可以	否	否	否	否
	110VAC	否	可以	可以	可以	可以	可以
	220VAC	否	可以	可以	可以	可以	可以
本地介质	光盘	否	可以	可以	可以	可以	可以
	软盘	否	可以	可以	可以	可以	可以
	USB	否	否	否	可以	可以	可以

3.1.4.3 井口出口装置

井口装置的作用是在井口为井下压力密封系统提供次级压力屏障。光缆穿过悬挂器，在悬挂器的上、下端密封，缠绕在悬挂器的颈部；然后光缆进入光纤线轴和井口法兰盘的通孔。井口出口装置规格如表3.21所示，外形如图3.59所示。

表3.21 井口出口装置规格

长度/(in/mm)	9(228.6)	
材料	17－4合金钢	
额定工作压力/(psi/MPa)	10000(69)	15000(103)
密封数量	2级密封	
法兰标准	11 3/16in 6BXAPI法兰	
密封类型	金属－金属	

图 3.59 井口出口装置外形图

3.1.4.4 光缆及连接器

1. 光缆

井下光缆的长度根据井深决定，其外形如图 3.60 所示，不同尺寸的封装材料如图 3.61 所示，井下光缆规格如表 3.22 所示。单模光纤用于离散点传感器，多模光纤用于分布温度传感器。标准光缆包括 3 根光纤：2 根单模光纤用于压力、温度，流量计和地震系统；1 根多模光纤用于分布温度传感系统。

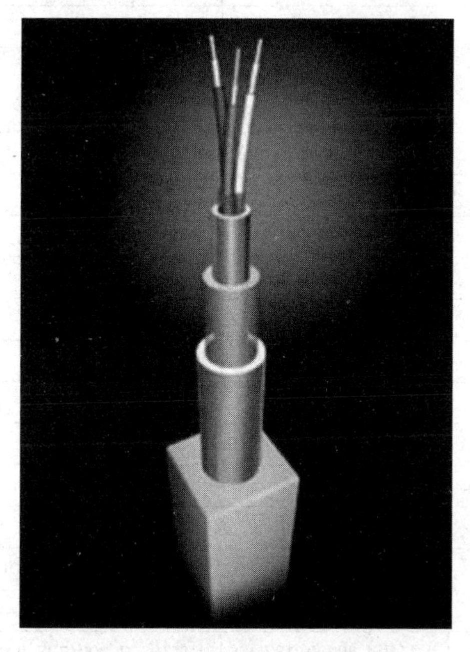

图 3.60 光缆整体形状

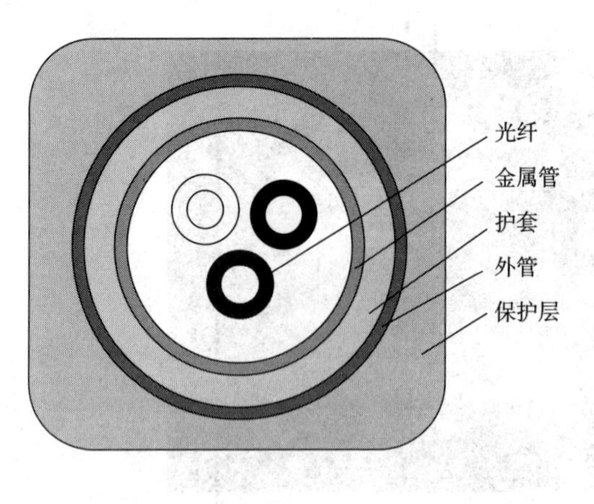

1/4 in. 光缆

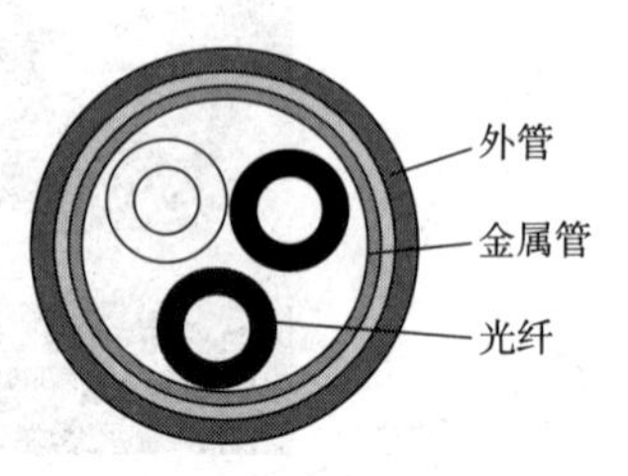

1/8 in. 光缆

图 3.61　光缆组成示意图

表 3.22　井下光缆规格

	1/8in 光缆	1/4in 光缆	
		0.028in 壁厚	0.035in 壁厚
结构			
光纤	2 芯单模光纤，1 芯多模光纤		
内金属管材料	304 不锈钢		
护套	N/A	特氟龙	
外铠	316ss 或 Incoloy825	Incoloy825	Incoloy825
外铠规格/in	0.125(外径)× 0.022(壁厚)	0.250(外径)× 0.028(壁厚)	0.250(外径)× 0.035(壁厚)
机械性能			
空气中重量/(kg/km)	44.6	1486	163.5
工作压力/(psi/MPa)	20000(137.9)	20000(137.9)	25000(172.4)
坍塌压力/(psi/MPa)	>30000(206.8)	>30000(206.8)	>35000(241.3)
破裂压力/(psi/MPa)	34000(234.4)	20000(137.9)	25000(172.4)
最大拉伸载荷/kg	227	680	907
最大成缆长度/m	6096		
最小弯曲半径 >1 圈/mm	50.8	101.6	
最小弯曲半径 <1/2 圈/mm	25.4		
环境参数			
工作温度/℃	0～100	0～175	
存储温度/℃	-40-100	-40-175	
压力范围/(psi/MPa)	大气压-20000(137.9)	大气压-20000(137.9)	大气压-25000(172.4)

光缆现场安装如图3.62所示。光纤温度、压力传感器可以在运输之前就焊接在光缆上，也可以在井场利用光干式耦合器连接。

图3.62 光缆现场安装图

光纤流量计不允许其焊接在光缆上，所以它须在井场连接。在使用连接器时，其一端预先焊在下井光缆上，另一端焊在传感器上或集成在流量计配件中。

2. 连接器

干式光纤连接器(Dry-Mate Optical Connector)可提供可靠的、低损耗的光纤连接，可用于光压力-温度传感器、井下流量计、分布温度传感系统和井下地震检波系统。图3.63是其外形图。图3.64是连接器的两部分。

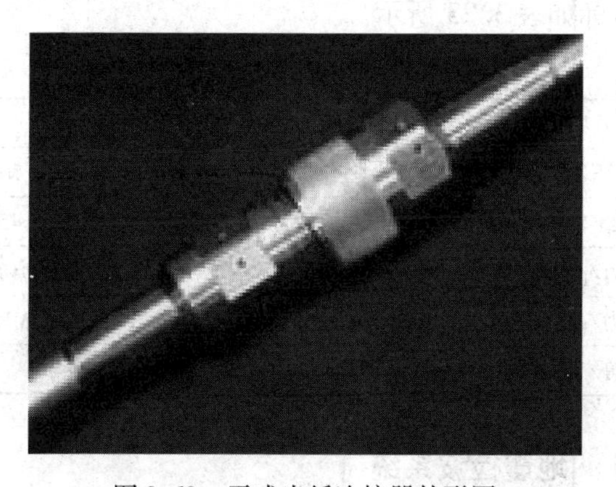

图3.63 干式光纤连接器外形图

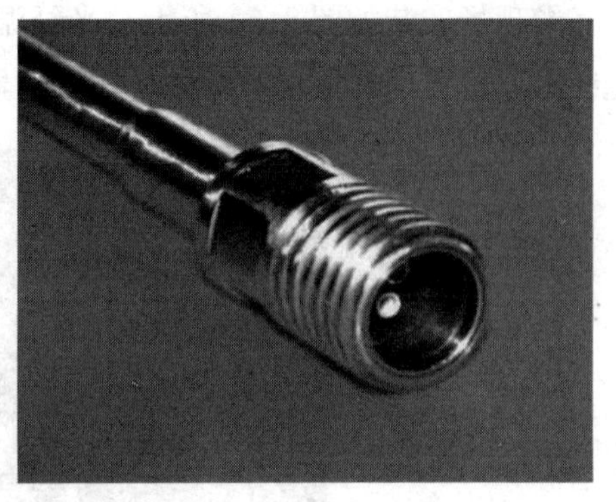

图 3.64　连接器接头

光纤连接器在光信号传输的过程中发挥着重要的作用。评价连接器的指标主要有三项，即插入损耗(insertion loss)、回波损耗(return loss)和重复性。

插入损耗：光纤端接缺陷造成的光信号损失，其表达式为：

$$I_L = -10\lg\frac{P_1}{P_0}(\mathrm{dB}) \tag{3.1}$$

式中　P_0——输入端光功率；

P_1——输出端光功率。

插入损耗越小越好。

回波损耗：反映了光波端面连接的界面处产生的菲涅尔反射，反射波对光源造成干扰，所以又称为后向反射损耗。其表达式为：

$$R_L = -10\lg\frac{P_r}{P_0}(\mathrm{dB}) \tag{3.2}$$

重复性：光纤连接器多次插拔后插入损耗的变化，一般应小于 ±0.1dB。

该连接器具体指标如表 3.23 所示。

表 3.23　干式光纤连接器技术参数

光纤通道数	3
插入损耗(单模光纤和多模光纤)	0.30dB(一般)，0.50dB(最大)
回波损耗(单模光纤和多模光纤)	-50dB(一般)，-45dB(最大)
工作压力/psi	大气压力~15000(103MPa)
过载压力/psi	18500(128MPa)
工作温度/℃	0~150

3.1.4.5　Clarion 地震检波系统

基于光纤光栅干涉仪的井下地震检波系统，能提供整个油井寿命期间永久高分辨率 4D 油藏图像和油藏管理。

1. Clarion 光学地震加速度计

基于光纤光栅技术的全光学地震加速度检波器是专门为永久性井下测量而设计的。它可用于垂直井、斜井及水平井。该加速度计可实现井下传感器阵列。

永久井下光纤 3 分量(3C)地震测量具有高的灵敏度和方向性，能产生高精度空间图像，不仅能提供近井眼图像，而且能提供井眼周围地层图像，在某些情况下测量范围能达到数千英尺。

光纤地震加速度计在油井的整个寿命期间运行，能经受恶劣的环境条件(温度达 175℃，压力达 14500psi)，测量系统没有可移动部件和井下电子器件。每个 3C 地震加速度检波器被封装在直径 1in 的保护外壳中，能安装在复杂的完井管柱及小的空间内。地震检波器非常坚固，能经受强的冲击和振动。光纤地震检波器还具有动态范围大和信号频带宽的特点，该系统的信号频带宽度为 3 ~ 800Hz，能记录从极低到极高频率的等效响应。该加速度计的技术参数如表 3. 24 所示，外形如图 3. 65 所示。

表 3. 24 Clarion 光学地震加速度计技术参数

带宽/Hz	1 ~ 800
传感器规格	单分量、正交分量、三分量
横向灵敏度	1%
最大操作温度/℃	175
最大操作范围/psi	14500(100MPa)
外径	0. 95in(24. 2mm)
长度	10. 55in(268mm)
振动	15Grms 随机
冲击	420g 峰值，3ms 半正弦

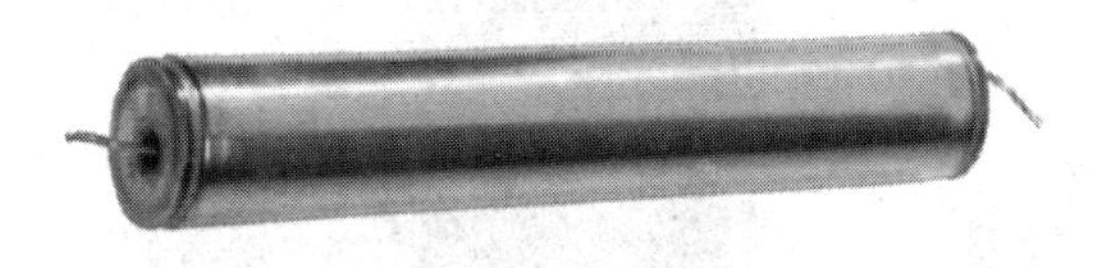

图 3. 65 Clarion 光学地震加速度计外形

2. Clarion 地震测量仪

永久井下地震测量仪能用于勘探和开发阶段的油藏成像和油藏监测。在勘探活动中，井下地震提供新远景区的图像，构建原始油藏模型。对于正在开发的油田，4D垂直地震剖面(VSP)和连续地震监测是有用的油藏管理工具，提供油藏生产动态监测。永久井下地震检波器可提供实时流体运动、扫描效率、漏失的油气层和其他油藏参数的图像。井下永久地震监测测量获取的数据具有连续性和可比性，由于不需要更换井下测量设备，因此节约了时间和费用，减少了对健康、安全和环境的影响。该仪器的技术参数如表3.25所示，外形如图3.66所示。

表3.25　Clarion地震测量仪技术参数

带宽	1Hz~1.4kHz
光通道数	32
动态范围	10Hz时129dB
畸变	0.1%
加速度计范围	0.2~200V/g
横向灵敏度	1%
最大操作温度/℃	175
最大操作范围/psi	14500（100MPa）
外径	0.95in（24.2mm）
长度	10.55in(268mm)
振动	15Grms随机
冲击	420g峰值，3ms半正弦

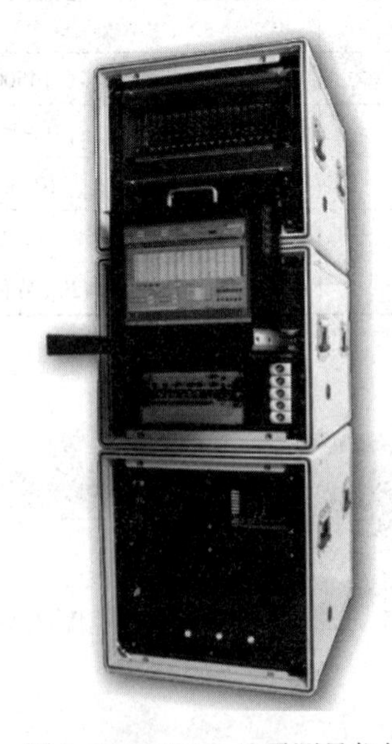

图3.66　Clarion地震测量仪外形

3.1.4.6 井下生产控制系统

1. ROSS 流量控制阀

ROSS 流量控制阀可以增强油藏管理与优化产量，采用液压方接头方式连接液压管线与缸体，通过液压驱动滑套移动，不需常规的连续油管或钢丝绳等工具进行干预。非弹性密封系统可以确保在恶劣的井下环境中保持密封的完整性。大流量区域孔减少压降，消除了潜在的侵蚀、结垢和生产损失。

ROSS 主要用于至少 4 个产层的多层合采智能完井，可以经济、高效地提高单井的产量。可以选择性地开、关产层，并且监测每一个产层；通过合理地控制生产压差可以有效地防止产层出砂。ROSS 的主要技术参数如表 3.26 所示，ROSS 结构如图 3.67 所示。

表 3.26 ROSS 主要技术指标

尺　寸/in	2⅞	3½
最大外径/mm	118	139.7
最小内径/mm	58	70
总长/mm	1418	
最大工作压力/MPa	68.95	51.71
最高工作温度/℃	177	

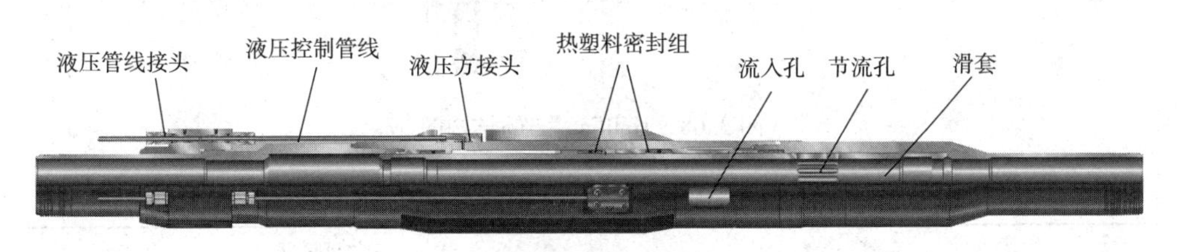

图 3.67 ROSS 结构

2. HellCat™2 智能完井封隔器

HellCat™2 封隔器是一种可回收的管内液压坐封式采油封隔器，它单程速度快，效率高，可用于智能完井、海底完井、斜井和水平井完井以及地层封隔。它芯轴内径大，可以实现 8 根控制线的穿越，是理想的单管生产封隔器。HellCat™2 结构如图 3.68 所示，HellCat™2 的技术参数如表 3.27 所示。

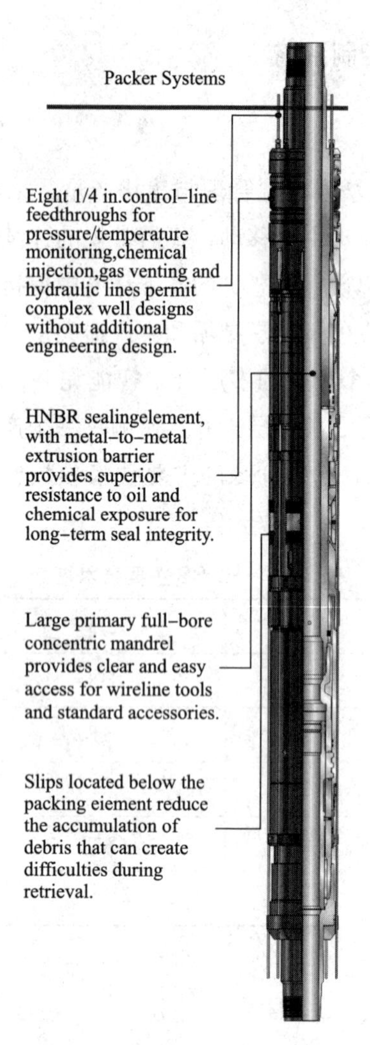

图 3.68　HellCat™2 的结构图

表 3.27　HellCat™2 的技术参数

套管				封隔器			
外径	重量/(lb/ft)	最小内径/(in/mm)	最大内径/(in/mm)	通径规环外/(in/mm)	密封通径/(in/mm)	额定压力/MPa	控制线
7in 177.8	23.0～26.0	6.187/157.15	6.466/164.24	6.020/152.91	2.880/73.15	34.5	(8)1/4in
				6.025/153.04			
	29.0～32.0	5.990/152.15	6.293/159.84	5.860/148.84		51.7	(8)1/4in
	29.7～33.7	6.662/169.21	6.987/177.47	6.560/166.62		34.5	(8)1/4in

续表

套管				封隔器			
外径	重量/(lb/ft)	最小内径/(in/mm)	最大内径/(in/mm)	通径规环外/(in/mm)	密封通径/(in/mm)	额定压力/MPa	控制线
7⅝in/193.7	33.7～39.0	6.625/168.27	6.662/169.21	6.400/162.56	2.386/60.60	34.5	(4)1/4in
9⅝in 244.5	47.0～53.5	8.535/216.79	8.681/220.50	8.289/210.54	2.890/73.41	51.7	(8)1/4in
				8.315/211.20	3.933/99.90	34.5	(8)1/4in
					3.945/100.20	51.7	(8)1/4in
					3.933/99.90	51.7	(8)1/4in

HellCat™2 的特点

低坐封压力降低了坐封时油管柱的拉伸应力。在很多情况下，利用泥浆泵即可以完成坐封，减少了利用高压泵的费用。

芯轴在坐封时固定。

转动解封的能力。利用钢丝绳转动工具，提供操作简单的解封，降低了不同载荷下的失效。

切断解封能力。通过特殊指令，切断解封，降低极限载荷下的失效。

封隔器可以在井口装置组装后安装，操作更为灵活和安全。

单程节约钻机时间

3.2 国内智能完井技术

截止到目前，国内采用智能完井技术的油井与注水井900余口，其中液力型智能完井40余口(主要用于采油井中)，电力型智能完井40余口(主要用于注水井中)。

3.2.1 中国石油(CNPC)智能完井技术

CNPC从2005年开始进行智能完井技术攻关研究，截止到目前，已经开发出了液力型智能完井技术与全电力型智能完井技术，并已经在大庆油田、辽河油田、吐哈油田等地的采油井与注水井中进行应用。CNPC智能完井技术应用情况如图3.69所示。

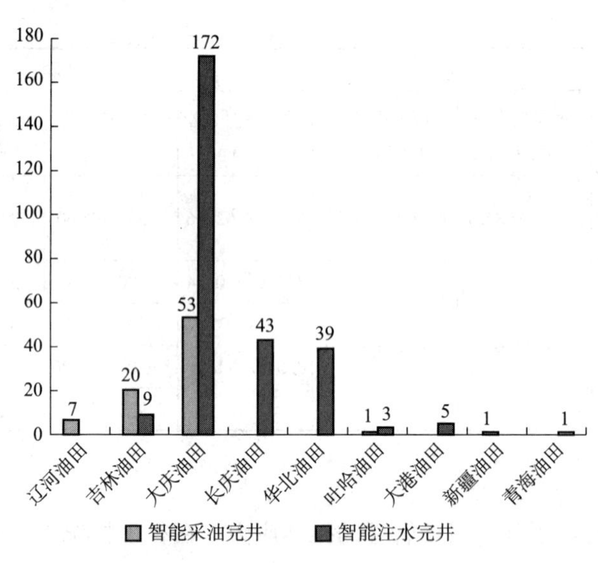

图 3.69 CNPC 智能完井技术应用情况

3.2.1.1 液力型智能完井技术

CNPC 液力型智能完井技术采用直接水力型液控流量控制阀 + 井下信息监测系统的结构，主要由井下动态监测子系统、井下流动控制子系统、油井优化开采系统与完井管柱与工艺四部分组成。

1. 井下永久监测系统

井下永久监测系统分为两部分。①固定点压力、温度传感器，采用光纤 F－P 腔传感器，该型传感器主要是基于光的多光束干涉原理，利用温度、压力变化与光纤 F－P 腔之间的对应关系，实现温度、压力测量。光纤 F－P 腔传感器安装在托筒上，整体安装在井下滑套上部。②光纤分布式温度传感器，可以实现全井筒内流体温度测量。井下永久监测系统压力测量范围 0～70MPa，精度 0.02MPa；温度测量范围 0～100℃，精度 0.5℃。井下光缆最高耐温 200℃，最高耐压 100 MPa，外径 6.35mm。

2. 井下生产流体控制系统

(1)井下液控多级流量控制阀

井下液控多级流量控制阀主要由上接头、上内筒、上外筒、上活塞、滑筒、中间套、定位销钉、油嘴套筒、下内筒、下活塞、下外筒和下接头等组成。上接头内有液压油通道，外端安装有密封接头与直径 6.35mm 的液压管线相连接，内端与上内筒、上外筒通过螺纹连接，与活塞形成环形液压缸，滑筒在活塞的推动下可以自由滑动，并且该流量控制阀采用J形槽与定位销钉组合的方式对滑套的移动进行定位与锁紧，定位与锁紧机构如图3.70所示。该流量控制阀适用于7in套管的油井，外观结构如图3.71所示，主要参数如表3.28所示。

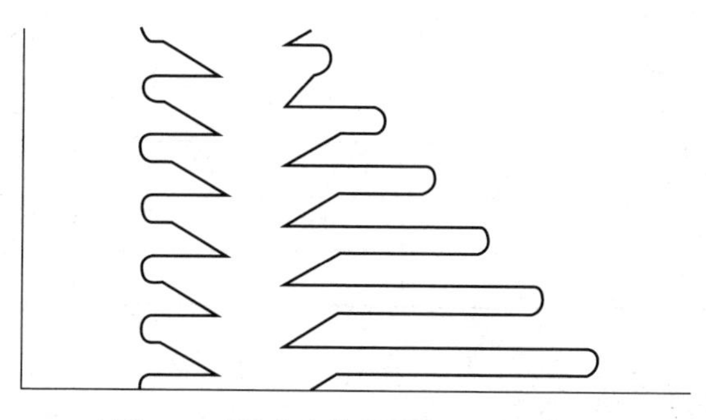

图3.70 滑套定位与锁紧机构示意图

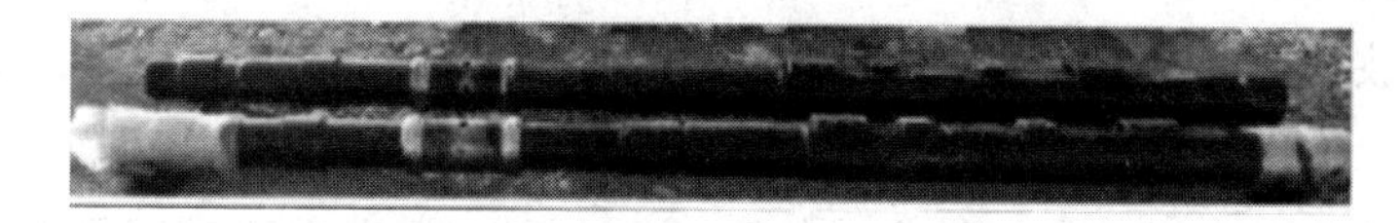

图3.71 井下液控多级流量控制阀外观结构

表3.28 井下液控多级流量控制阀主要参数

最大外径/mm	140
最小内径/mm	60
全长/mm	2380
节点数	7(全开、全关 和5个节点位置)
最大工作压力/MPa	70
最高工作温度/℃	150

(2)穿越式封隔器

穿越式封隔器主要由胶筒密封机构、卡瓦锚定机构和管缆穿越机构组成。为了方便管缆穿越封隔器，将中心管设计为偏心结构，管缆在中心管的偏心侧穿越。中心管为整体式，在中心管轴内纵向钻有多个贯通通道，根据生产的实际需要可调整贯通通道的大小和改变贯通通道的数量。穿越式封隔器外观结构如图3.72所示，主要技术参数如表3.29所示。

图3.72 穿越式封隔器外观结构

表 3.29　穿越式封隔器主要参数

上下接头连接螺纹	2⅞in TBG
最大外径/mm	140
最小内径/mm	60
全长/mm	1300
坐封压力/MPa	50
密封上/下压差/MPa	30/40
解封载荷/kN	120
最高工作温度/℃	150

3. 井下优化开采系统

井下优化开采系统可以实现数据的记录、存储、分析和优化开采等功能。该系统包含实时数据监控模块、实时曲线显示模块、阀门开度监控模块、分析统计模块、单位换算模块、基础数据录入模块、帮助模块和合理产量确定模块。该统将理论合理产量和实际合理产量相结合，以降低含水率、提高产油量为原则，确定油井的最终合理产量，实现油井的智能优化开采。井下优化开采系统主操作界面如图 3.73 所示。

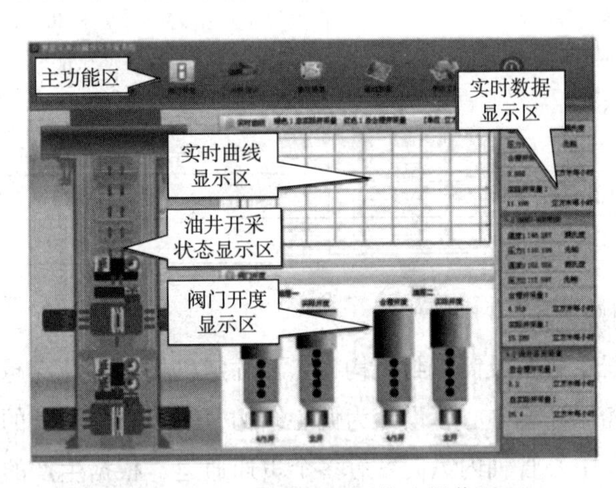

图 3.73　井下优化开采系统主操作界面

3.2.1.2　电力智能完井技术

CNPC 电力智能完井技术中将压力、温度与流量等监控系统集成于井下电控滑套中。根据信号传输与供电方式将井下电控滑套分为有缆与无缆两类，有缆方式电控滑套主要用于采油井中，无缆方式电控滑套主要用于注水井中。

1. 井下电控滑套

(1)电控智能配产器

电控智能完井系统 EIC-Riped 采用钢管电缆井下供电与测调信号传输，可对油井的各个层段实现生产动态远程监测和控制。电控配产器集井下流量控制模块与井下信息测量模块于一身，油嘴开度可 100 级调节，是电控智能完井系统 EIC-Riped 的核心工具。其中，流量控制模块主要由电机、行星齿轮减速器和油嘴组成。通过油嘴的上、下阀体转动调整扇形孔的大小，进而调节油液流量。井下信息测量模块主要由控制电机运转的控制电路、压力传感器和温度传感器组成，可以采集井下各层段流体的压力和温度数据。压力传感器采用纳米膜压力传感器，温度传感器采用 PT1000 铂薄膜热电阻元件。电控智能配产器结构如图 3.74 所示，主要参数如表 3.30 所示。

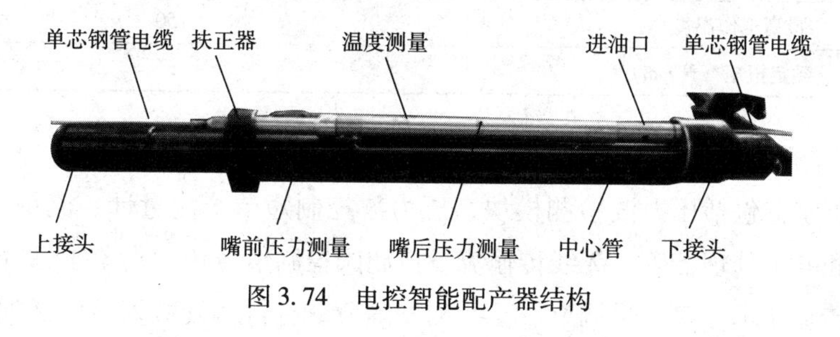

图 3.74 电控智能配产器结构

表 3.30 电控智能配产器主要参数

最大外径/mm	115
最小内径/mm	44
长度/mm	1250
油嘴开度全开当量直径/mm	12
开度调节	100 级
最大工作压力/MPa	50
测压范围/MPa	0 ~ 50
最高工作温度/℃	120
测温范围/℃	0 ~ 120
电机最大输出扭矩/(N · m)	30

(2)有缆智能配水器

有缆智能配水器主要由上接头、过流通道、一体化可调水嘴、压差流量计、验封短节、控制电路和下接头等组成，通过电缆进行信号传输和供电，其结构如图 3.75 所示，主要参数如表 3.31 所示。

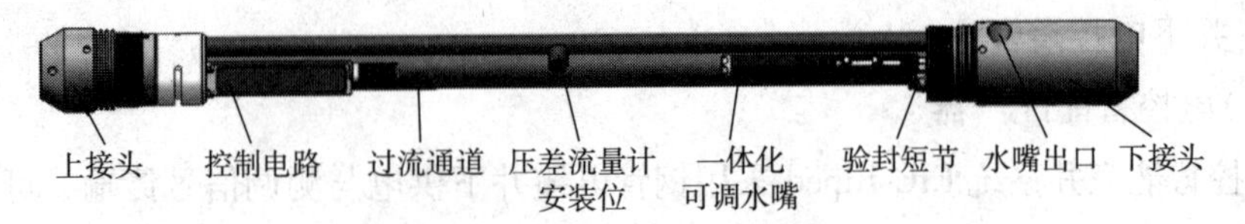

图 3.75　有缆智能配水器结构

表 3.31　有缆智能配水器主要参数

最大外径/mm	114
最小内径/mm	40
最大工作压力/MPa	80
最大排量/(m^3/d)	50
水嘴全开当量直径/mm	30
最高工作温度/℃	150
额定扭矩/(N·m)	6

(3)智能配水器

智能配水器包括压力波检测模块、压力波控制短节、流量计、流量测调短节、验封机构和井下处理器等。无线传输流量控制阀控制信号传输借鉴了钻井泥浆压力脉冲数据传输技术，将流量调节、参数测量等命令进行编码载入该脉冲波，由井筒内注入水作为脉冲信号传播的载体。当压力脉冲信号与井下智能配水器压力编码一致时电动机工作执行调控命令，完成注水量调节，其结构如图 3.76 所示，压力脉冲编码如图 3.77 所示，主要参数如表 3.32 所示。

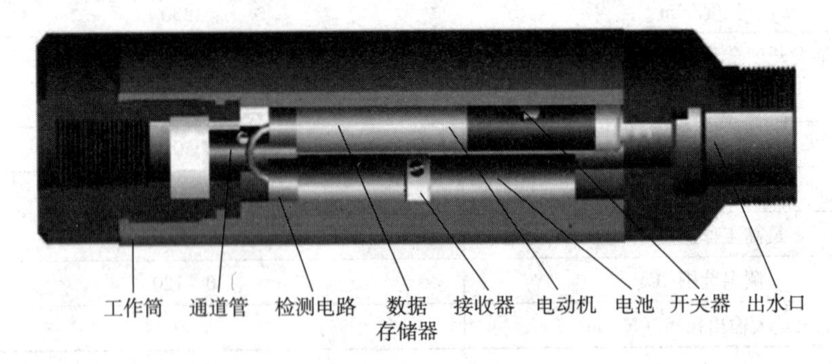

图 3.76　智能配水器

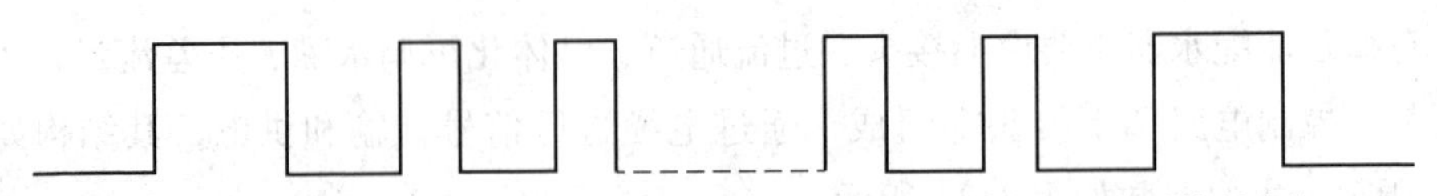

图 3.77　压力脉冲编码协议

表 3.32 智能配水器主要参数

最大外径/mm	113
最小内径/mm	38
长度/mm	738
开度调节	100 级
最大排量/(m^3/d)	100
最大工作压力/MPa	55
测压范围/MPa	0~60
最高工作温度/℃	150
测温范围/℃	0~150
压力脉冲最大传输距离/m	3500
注水层数/层	6

2. 井口控制器与远程测控系统

井口控制器通过钢管电缆与井下电控智能配产器相连接，该井口控制器可以采集井下各油层的压力和温度数据，可以实时调节配产器油嘴开度，并通过无线传输模块将数据传输到远程测控系统上。远程测控系统可以实时显示监测的油井每层的嘴前压力、嘴后压力、温度和油嘴开度等信息。远程测控系统主界面如图 3.78 所示。

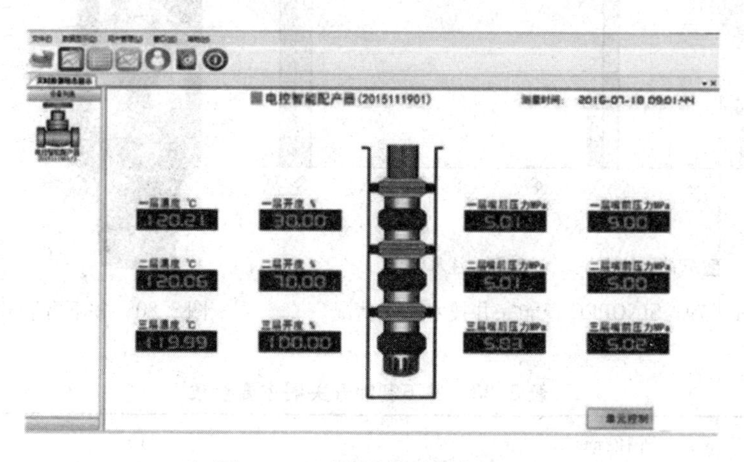

图 3.78 远程测控系统主界面

3.2.2 中国石化(SINOPEC)智能完井技术

SINOPEC 从 2001 年开始研究智能完井技术，是国内最早进行智能完井技术研究的石油公司，截止到目前已经开发出了无线电力型智能完井技术，并已经在胜利油田、中原油田、塔河油田等地的采油井与注水井中进行应用。SINOPEC 智能完井技术应用情况如图 3.79 所示。

1. 井下智能开关器

井下智能开关器为开关型，其设置了进液、出液通道，其上、下端分别与上部、下部油管柱连接。井下智能开关器内有电池、电路板和电机驱动机构等，由微处理器控制电机运转，带动阀体移动来打开和关闭。开关器内安装有压力传感器，可以实时监测井下流体的压力变化，作为微处理器内程序运行的判断依据。井下智能开关器可有效工作时间 18 个月。井下智能开关器结构如图 3.80 所示，主要参数如表 3.33 所示。

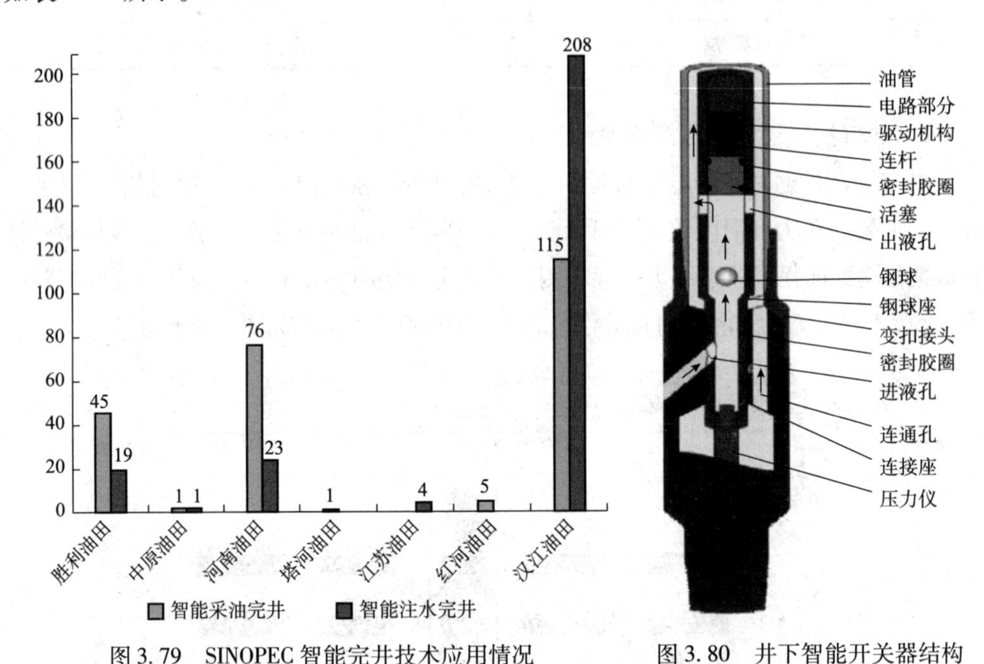

图 3.79 SINOPEC 智能完井技术应用情况

图 3.80 井下智能开关器结构

表 3.33 井下智能开关器主要参数

最大外径/mm	110
最大工作压力/MPa	60
最高工作温度/℃	135
最长工作时间/m	18

2. 智能配水器

智能配水器主要由流量传感器、可调水嘴、调节机构和控制系统组成，其中控制系统包含微处理器、控制电路、电机、电池等，其结构如图3.81所示，主要参数如表3.34所示。智能配水器接收地面发送的脉冲信号，控制系统接收到脉冲信号并解码后调整水嘴开度，从而调整各层段的注水量。

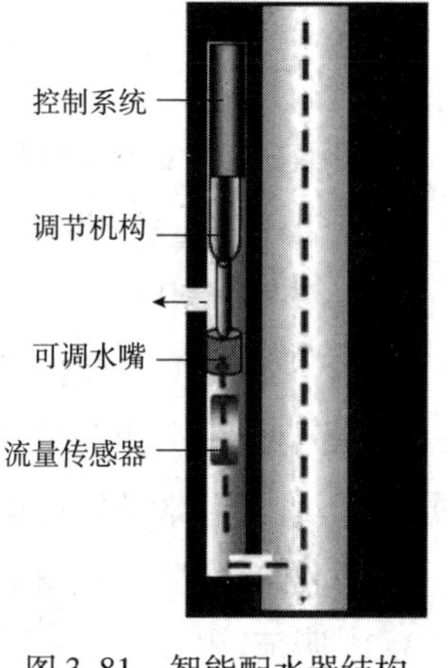

图3.81 智能配水器结构

表3.34 智能配水器主要参数

最大外径/mm	114
开度调节	无极
最大工作压力/MPa	70
最高工作温度/℃	125
最长工作时间/m	18

3.2.3 中国海油(CNOOC)智能完井技术

CNOOC从2012年开始研究智能完井技术，截止到目前已经开发出了液力型智能完井技术与全电力型智能完井技术，并已经在渤海油田、南海油田等地的采油井与注水井中进行应用。

3.2.3.1 液力型智能完井技术

CNOOC液力型智能完井技术采用直接水力型液控流量控制阀+电子监测系统的结构，其系统组成如图3.82所示。

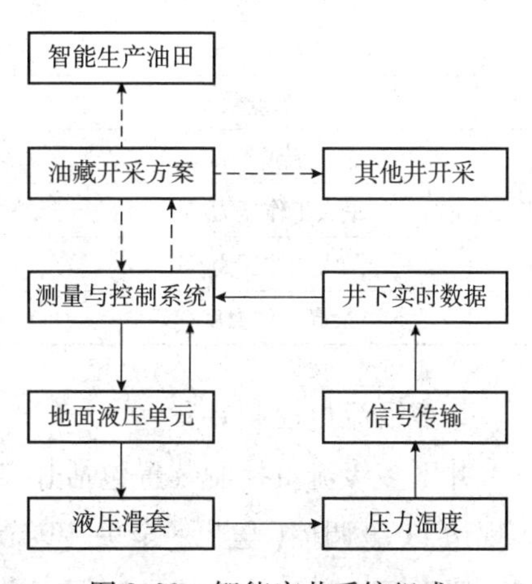

图3.82 智能完井系统组成

1. 井下永久监测系统

井下永久监测系统采用电子压力、温度与流量测量传感器，该传感器将井下环空内与油管内流体的压力、温度与流量等参数转换为电信号，再通过0.25in的单芯电缆将信号传输到地面，其结构如图3.83所示。井下永久监测系统压力测量范围0～50MPa，精度0.05MPa；温度测量范围0～150℃，精度0.5℃。

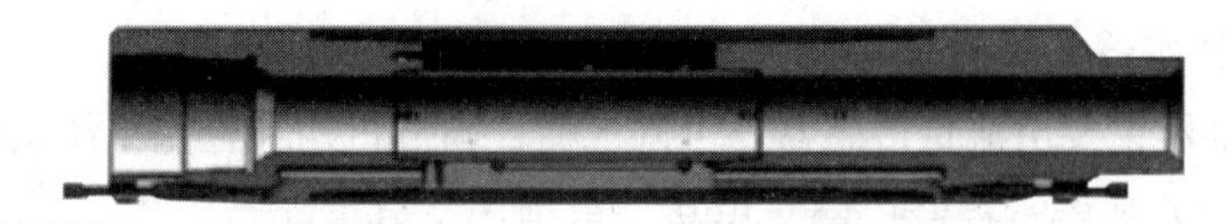

图 3.83　井下永久监测系统结构示意图

2. 井下生产流体控制系统

(1)井下流量控制阀

①井下液控滑套

井下液控滑套主要由上接头、上阀体、下阀体、活塞、定位销钉、油嘴套筒和下接头等组成。上接头带有液压油通道。油嘴套筒上分布不同直径的油嘴，在活塞的推动下，滑套带动定位销钉在 J 形槽内上下滑动，J 形槽不同位置对应油嘴套筒上的不同油嘴位置。该滑套为四级三开度，外观结构如图 3.84 所示，主要参数如表 3.35 所示。

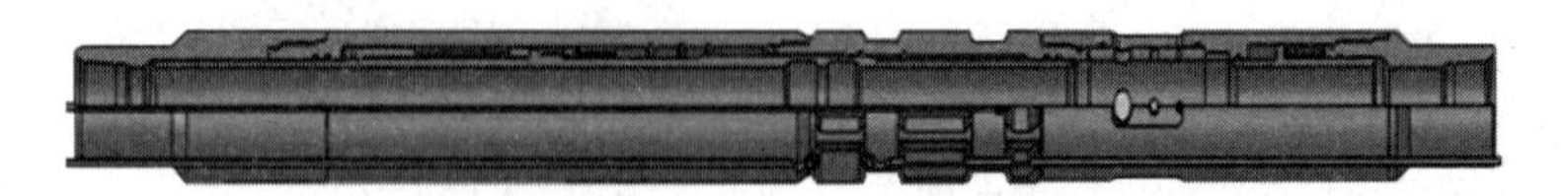

图 3.84　井下液控滑套外观结构

表 3.35　井下液控滑套主要参数

油管/in	4.5
最大外径/mm	165
最小内径/mm	76
全长/mm	2650
节点数	4(全开、全关和 2 个节点位置)
最大流量/(m^3/d)	10000
最大工作压力/MPa	51.71
最大调控压力/MPa	50
最高工作温度/℃	125

②多级流量控制装置

井下多级流量控制装置包括开启总成、关闭总成、防漂移锁、多级水嘴等，可实现达 11 级调控(全开、全关 +9 节点)，流量可控范围广，精度高。多级流量控制装置需要 1 根液控管线控制阀开启，另 1 根液控管线控制阀关闭，结构如图 3.85 所示。

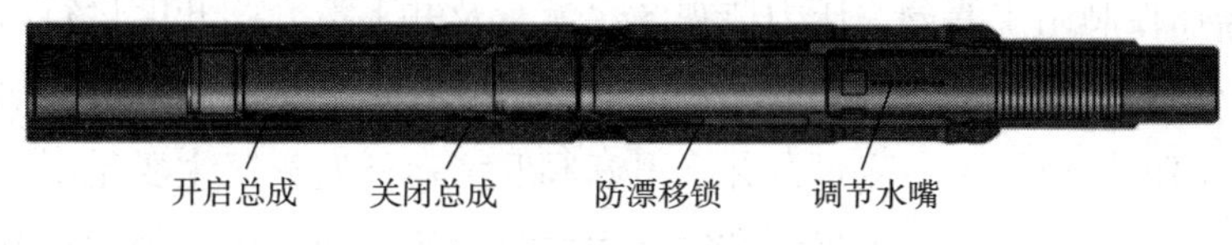

图 3.85 井下液控滑套外观结构

(2)穿越式封隔器

穿越式封隔器主要由密封胶筒、卡瓦和管缆穿越孔组成，且可回收使用。穿越式封隔器将中心管设计为同心结构，油管内打压坐封，管缆在中心管的周向穿越。中心管为整体式，在中心管轴内周向钻有 5 个贯通通道，适用于 $9^5/_8$in 套管内。穿越式封隔器外观结构如图 3.86 所示，主要技术参数如表 3.36 所示。

图 3.86 穿越式封隔器外观结构

表 3.36 穿越式封隔器主要参数

最大外径/mm	210
最小内径/mm	70
全长/mm	1300
密封上/下压差/MPa	35
解封载荷/kN	230
最高工作温度/℃	150

3. 地面操作控制站

地面操作控制站实时记录并处理井下温度、压力和流量信号，直接显示并生成历史曲线，以实现对生产层的动态监测。地面控制站对数据进行分析、处理和存储，其存储的大量数据可与油藏对接。井下信息监测界面如图 3.87 所示。

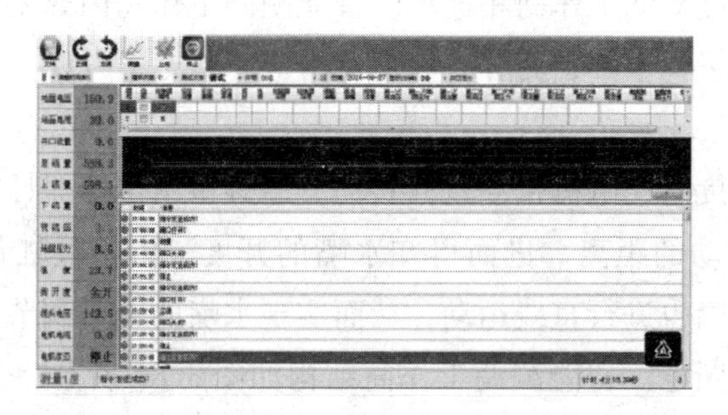

图 3.87 井下信息监测界面

地面操作控制站主要分为压力监视区、流量及井下滑套阀开度运行监视区、远程控制区及流量曲线显示区四部分。压力监视区主要是显示液压泵的出口压力及滑套阀驱动回路的实时压力。流量及井下滑套阀开度运行监视区主要是瞬时流量、累计流量监测及运行时间记录。远程控制区主要是对控制回路电磁阀的控制及电机的启、停控制。流量显示区可以查看实时或历史曲线。井下滑套阀位移监测原理是以进油量和回油量为判定条件，实现对井下控制器的开度调节并精准反馈开度位置。地面操作控制站主界面如图 3.88 所示。

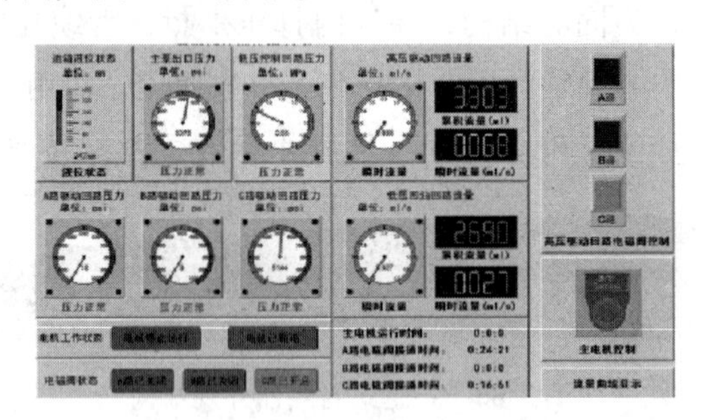

图 3.88　地面操作控制站主界面

3.2.3.2　电力型智能完井技术

CNOOC 电力型智能完井技术中将压力、流量等监控系统集成于智能测调工作筒中，电缆即提供电源，同时又是数据传输的介质，主要用于多层注水井中，实现精细注水。

1. 智能测调工作筒

智能测调工作筒主要由上接头，上、下流量计，可调水嘴与压力计等组成。该工作筒采用 2 个高精度电磁流量计，一个位于可调水嘴上游，一个位于可调水嘴下游，上流量计计量流入总流量，下流量计计量流出总流量，两者相减得到该层的实际注入流量。上接头与电缆连接，通过电缆为智能测调工作筒供电，下接头电缆穿出与下一层段的智能测调工作筒相连接。智能测调工作筒内部安装 2 支压力计，一支压力计位于上流量计下部，另外一只对称分布，2 支压力计分别负责监测环空内和管内水的压力。

当调节水嘴开度时，电机带动丝杠转动，通过霍尔传感器计算减速器转动的圈数可以确定水嘴移动的距离，进而得知水嘴的开度。由于丝杠带动连杆做直线运动，使连杆带动水嘴也进行直线运动，从而实现水嘴的无级调节。当水嘴全开或全关状态下能够自锁断电。智能测调工作筒结构如图 3.89 所示，主要参数如表 3.37 所示。

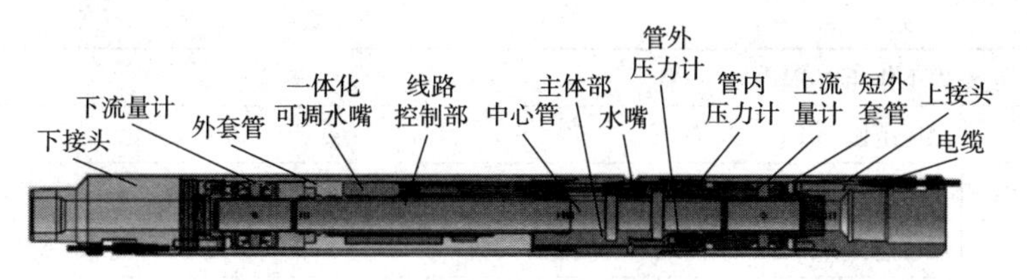

图 3.89　智能测调工作筒结构

表 3.37　智能测调工作筒主要参数

最大外径/mm	116
最小内径/mm	44
最大排量/(m^3/d)	800
最大工作压力/MPa	60
最高工作温度/℃	150
最大输出扭矩/(N·m)	8

2. 智能注入阀

智能注入阀由上接头、上电缆头、过流通道、验封短节、一体化可调水嘴短节、电机总成、流量计短节、控制电路板、下电缆头和下接头等组成，其结构如图 3.90 所示，主要参数如表 3.38 所示。智能注入阀将测试工作筒与配水器集成为一体，通过电缆给流量计测试模块、验封模块、电路板控制模块、水嘴调节控制模块供电并传输信息，水嘴可以连续调控。智能注入阀安装有管内与管外压力与温度传感器，可以测量管内、外流体的压力；温度传感器测取温度，对压力进行补偿，保证测量的准确度。

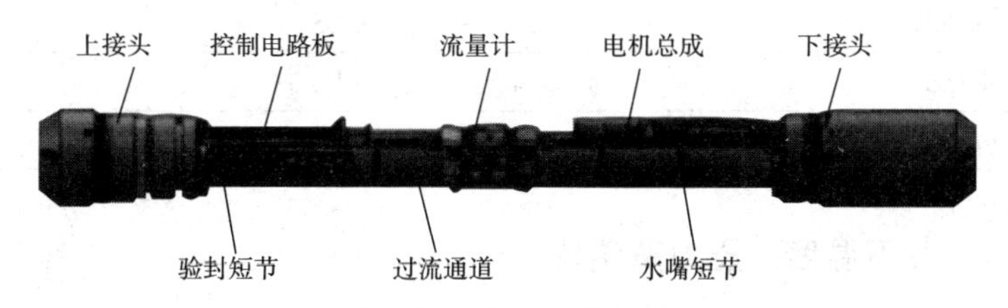

图 3.90　智能注入阀结构示意图

表 3.38　智能注入阀主要参数

最大外径/mm	114
最小内径/mm	41
长度/mm	1400
最大排量/(m^3/d)	500

续表

最大工作压力/MPa	60
测压范围/MPa	0～30
水嘴全开当量直径/mm	16
水嘴开启压差/MPa	20
最高工作温度/℃	150
控制层段数/层	8

3.2.4　北京蔚蓝仕光纤监测与控制系统

北京蔚蓝仕的光纤监测与控制系统可以同时对单口或多口油井中不同深度的点进行温度和压力的实时测量，并将测量数据进行永久保存。该系统的技术指标如表3.39所示。

表3.39　温度、压力系统技术指标

名称	参数数值
数据存储	5a
采样率	4s/通道
通道数量	≤32信道/下位机
数据接口	RS-485；RS-232；USB2.0；LAN
测温范围/℃	室温～175
温度精度/℃	0.5
温度分辨率/℃	0.1
测压范围/psi	5000(35MPa)；10000(69MPa)；15000(103MPa)；25000(172MPa)
压力精度/(%FS)	0.05
压力分辨率/psi	1
压力漂移/(psi/a)	≤3

3.2.4.1　井下温度、压力解调仪

该设备实现温度和压力传感器光谱信号的解调，将从传感器反射回来的光谱信号解调为用户可见的温度、压力数值实时显示在软件界面上，并对数据进行实时存储，其技术参数如表3.40所示，外形如图3.91所示。同时，可为整个现场监测提供光源激励。

图3.91　井下温度、压力解调仪

表 3.40　井下压力、温度解调仪技术指标

光纤接口	FC/APC
外形尺寸(mm×mm×mm)	480×90×470
电源	220V，50Hz
功率/W	250(最大)
工作环境/℃	-5~55
数据接口	RS-485；RS-232；USB2.0；LAN

3.2.4.2　温度、压力传感器

北京蔚蓝仕公司的温度是利用光纤光栅进行测量的。温度、压力传感器包括单点传感器(外观结构如图 3.92 所示，技术参数如表 3.41 所示)、双点传感器(外观结构如图 3.93 所示，技术参数如表 3.42 所示)。二者都可用于井下温度、压力的测量。区别在于单点传感器可单独测量油管内压力和温度，或者油管和套管环空内的压力和温度；双点传感器可以同时实现油管内和环空内压力和温度的测量。

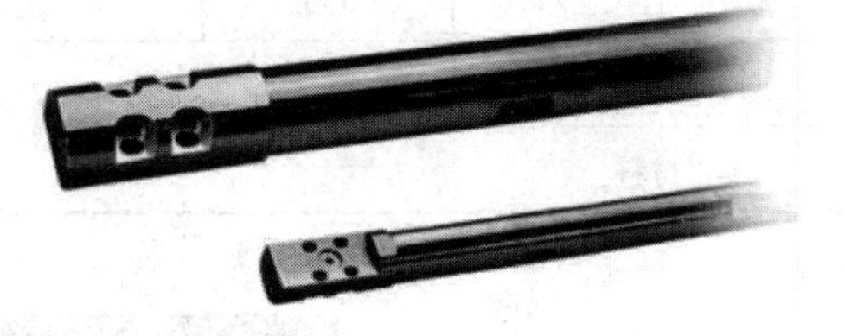

图 3.92　单点传感器

表 3.41　单点传感器技术参数

尺寸/mm	Φ22×860(通径×长)
抗冲击	500g
材料	316L；Inconel825

图 3.93　双点传感器

表 3.42　双点传感器技术指标

尺寸/mm	54×22×860(宽×高×长)
抗冲击	500g
材料	316L；Inconel825

北京蔚蓝仕公司的温度压力传感器分为单点内压、单点外压和双点传感器。与之对应的传感器托筒也分为单点内压、单点外压和双点托筒。此模块可以用来进行

传感器在井下的安装固定，提供压力入口，对安装在其上的双点传感器进行下井过程中的机械保护。托筒的尾部可以实现铠装光缆的卡紧，可以防止铠装光缆在下井的过程中与传感器发生转动和相对移动，保证传感器信号传输的安全可靠。

单点传感器托筒技术参数如表3.43所示，外形如图3.94所示。双点传感器托筒的技术参数如表3.44所示，外形如图3.95所示。

表3.43 单点传感器托筒技术参数

尺寸/in	2⅞	3½	4½	5½	7
质量/kg	26	34.7	45.4	59.1	96.6
最大外径/mm	123	139	164	190	228
最小套管尺寸/in	5½	6⅝	7	8⅝	9⅝
托筒长度/mm	2100				
材料	N80；13% Cr；Incone1825				

图3.94 单点传感器托筒

表3.44 双点传感器托筒技术参数

尺寸/in	2⅞	3½	4½	5½	7
质量/kg	26	34.7	45.4	59.1	96.6
最大外径/mm	123	139	164	190	228
最小套管尺寸/in	5½	6⅝	7	8⅝	9⅝
托筒长度/mm	2100				
材料	N80；13% Cr；Incone1825				

图3.95 双点传感器托筒

3.2.4.3　井下光缆

井下铠装光缆的技术参数如表3.45所示，外形如图3.96所示。

表3.45　井下光缆技术参数

光缆类型	单模光纤
光纤芯数	2～12芯
最高耐温/℃	120；200；400
最大工作压力/psi	30000（207MPa）
光缆外径/in	1/4(6.35mm)
光缆质量/(kg/km)	180
抗拉强度/N	4700
最大成缆长度/km	10
外铠材料	316L；Incoloy718/825/925(高镍基合金钢)

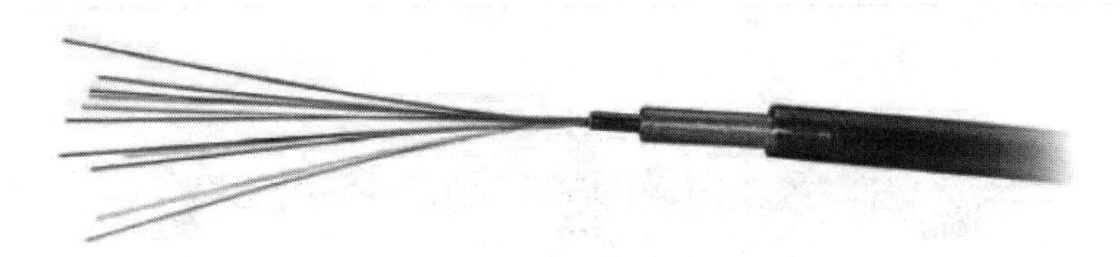

图3.96　井下铠装光缆

3.2.4.4　井下光缆保护器

光缆保护器主要是在下井的过程中分担光缆的自重，使光缆不承受自身的重量。除此之外，该模块安装在接箍处，可以有效保护接箍处凸出的光缆，避免光缆外铠与套管内壁的磨损及挤压，其技术参数如表3.46所示，结构如图3.97所示。

表3.46　光缆保护器技术参数

尺寸规格/in	$2\frac{7}{8}$；$3\frac{1}{2}$；$4\frac{1}{2}$
所卡缆线种类	$1^{1}/_{4}$in；11mm×11mm
材料	不锈钢，低碳钢

图3.97　光缆保护器

3.2.4.5 Y分支器及卡具

Y分支器及卡具可以将2根光缆内的光纤并到1根多芯井下铠装光缆内，这样对于井下的多支传感器就可以通过1根多芯井下铠装光缆来进行所有信号的并行传输，其技术参数如表3.47所示，外形如图3.98所示。

表3.47 分支器及卡具技术参数

最大工作压力/psi	30000(207MPa)
Y分支器长度/mm	680
工作温度/℃	0~400
卡具尺寸规格/in	2⅞；3½；4½
卡具长度/mm	1200
材料	316L，Incoloy718

图3.98 Y形分支器及卡具

3.2.4.6 光缆焊点保护器及卡具

焊点保护器主要是对光缆断点续接处进行密封及有效的机械保护，卡具是用来实现焊点保护器在管柱中间任何位置的安装固定，可用于光缆穿越封隔器后的续接及光缆卡断后的续接，其技术参数如表3.48所示，外形如图3.99所示。

该模块是可选用组件。井下光缆尽量不要折断，一旦折断，可以重新续接，此时就要用到光缆焊点保护器和卡具。

表3.48 焊点保护器及卡具技术参数

最大工作压力/psi	30000(207MPa)
焊点保护器直径/mm	ϕ22
焊点保护器长度/mm	596
工作温度/℃	0~400
卡具尺寸规格/in	2⅞；3½；4½
卡具长度/mm	1100
材料	316L，Incoloy718

图 3.99 光缆焊点保护器及卡具

3.2.4.7 穿越密封组件

穿越密封组件可实现井下铠装光缆从封隔器穿越以及从井口油管挂和采油树上法兰穿越后的高压密封，其技术参数如表 3.49 所示，外形如图 3.100 所示。

表 3.49 穿越密封组件技术参数

螺纹规格	1/4inNPT；3/8inNPT；1/2inNPT
卡套规格/in	1/4
最高承压	25000psi（172MPa）
最高耐温/℃	400
材料	316L，Incoloy718（高镍基合金钢）

图 3.100 穿越密封组件

3.2.4.8 通道扩展模块

通过该通道扩展模块可以实现多传感器之间的信号切换，可以利用一台解调仪最多同时解释 32 只传感器光谱信号的工作，其技术参数如表 3.50 所示，外形如图 3.101 所示。

表 3.50 通道扩展模块技术参数

通道扩展数目	2；4；8；16；24；32
切换速度/ms	30
光纤接头形式	FC/APC
机箱规格	标准 2U 机箱
外形尺寸/mm	483 × 89 × 470
工作温度/℃	−5 ~ 55
功率/W	250（最大）
电源	220V/50Hz

图 3.101　通道扩展模块

3.2.4.9　地面光缆

地面光缆用于实现从井口到放置解调仪设备间的信号传输，其技术参数如表 3.51 所示，横截面如图 3.102 所示。

表 3.51　地面光缆技术参数

光缆类型	单模光纤
光纤芯数	2～64 芯
最高耐温/℃	120
长度/km	>10
铺设方式	地埋；架空；穿管

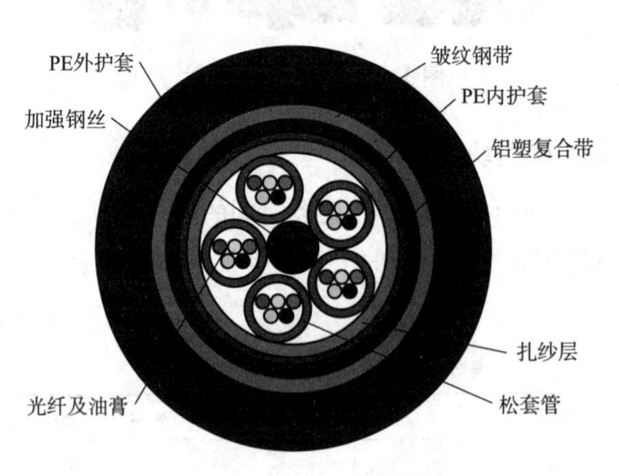

图 3.102　地面光缆横截面

3.2.4.10　光纤接续盒

光纤接续盒主要是实现井下铠装光缆和地埋光缆续接处的防水、防尘和机械保护，接续盒内有将铠装光缆和地埋光缆进行卡紧的装置，防止光缆的转动和移动，防止外力对光缆焊点造成不良影响，其技术参数如表 3.52 所示，外形如图 3.103 所示。

表 3.52 光纤接续盒技术参数

防护等级	IP65
材料	ABS

图 3.103 光纤接续盒

3.2.4.11 光纤终端盒

光纤终端盒主要是实现地埋光缆和解调仪的连接保护，地埋光缆进入光纤终端盒后与终端盒内的 FC/APC 跳线进行连接，FC/APC 跳线与终端盒上的法兰连接，其技术参数如表 3.53 所示，外形如图 3.104 所示。

表 3.53 光纤终端盒技术参数

通道数	2～32
防护等级	IP65
接头形式	FC/APC

图 3.104 光纤终端盒

3.3 威德福和蔚蓝仕主要产品比较

威德福公司和北京蔚蓝仕公司都有温度、压力传感器和光缆，现将二者做一比较。

3.3.1 传感器

威德福和蔚蓝仕两个厂家的传感器都有单点温度、压力传感器和分布温度传感器。只是威德福的温度、压力传感器是光纤光栅传感器；而蔚蓝仕的压力传感器是利用法布里-珀罗腔实现测量的，温度是光纤光栅传感器。现将这两个厂家的传感器的主要参数进行比较，如表3.54所示。

表3.54 威德福和蔚蓝仕的传感器比较

类型	项目	威德福	蔚蓝仕	备注
单点温度、压力	压力范围/MPa	0~69；0~137.9	0~35；0~69；0~103；0~172	威德福的产品还给出了过载压力以及传感器的尺寸
	压力精度/MPa	0.014	0.05%FS	
	压力分辨率/MPa	0.0002	0.001	
	压力漂移/(MPa/a)	<0.003	<0.02	
	测温范围/℃	25~150	室温~175，室温~370	
	温度精度/℃	0.1	0.5	
	温度分辨率/℃	0.02	0.1	
	温度漂移/℃	<0.1/a	<0.1/a	
分布温度	温度分辨率/℃	0.1	0.1	威德福有2种型号的解调仪
	空间分辨率/m	2	0.25	

3.3.2 光缆

威德福和蔚蓝仕两个厂家的光缆比较如表3.55所示。

表3.55 威德福和蔚蓝仕的光缆比较

项目	威德福	蔚蓝仕	备注
光纤芯数	3芯	2~12芯	威德福的产品包括1/8in、1/4in（0.028in wall，0.035in wall）
光缆外径/in	1/4	1/4	
最高承压/MPa	172.4	200	
最高耐温/℃	0~175	370	
光缆质量/(kg/km)	164	180	
最大成缆长度/km	6.096	10	

4　智能完井技术应用实例

在采油井和注入井中均可使用智能完井技术。大部分智能完井系统安装在海上油田，但越来越多的陆上油田也安装了智能完井系统。智能完井技术的典型应用包括多油层分层开采、注水和注气、控水和控气、多分支井、自动气举、重油开采、薄油层及边际油藏开发等。截至目前，智能完井技术已经在国内外多个油田得以应用，这些智能完井的生产动态均远远好于常规完井，并能大大加快油藏的开采速度，提高油田的最终采收率。

4.1　多油层分层开采

假如油管尺寸不再是流体流出的限制因素，并且压力不协调或化学性质不相容完全可排除在外，则从所有层段进行合采将充分发挥油井生产能力。如果压力不平衡状况能通过试采和(或)井下节流技术加以平衡，则对超高压层段也能进行合采。应用智能完井技术控制不同流量和不同含水率的各层段流入量能够实现多层合采。

4.1.1　墨西哥湾 Na Kika 区块的 Fourier-3 井

位于墨西哥湾 Na Kika 开发区块的 Fourier-3 井的模拟结果提供了合采优于按序开采的一个例子。在该井上安装两个控制阀来控制一个井底层段(上部和底部)和一个上部层段的生产。当某层段含水损害到地面净产值时，使用开－关节流阀来关闭该层。图 4.1 说明了合采和按序生产的产量预测结果。模拟结果显示 F－3 井合采后，产量增加了 28%。

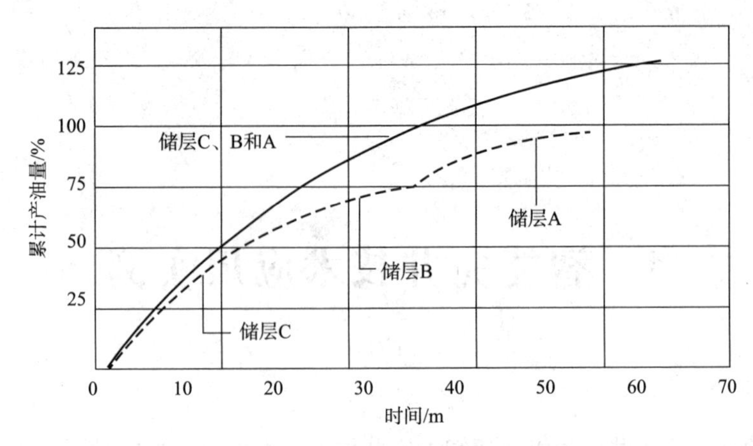

图 4.1　智能完井合采与按序生产的产量预测结果

4.1.2　古尔夫 GOM 海上油田

墨西哥古尔夫 GOM 海上油田某一区块有 7 个产油层位，自上而下命名为 Z1 ~ Z7。砂层的岩心孔隙度从 15% 至 35%，渗透率从 10mD 至 2400mD，有效厚度与总厚度的比值从 0.4 至 0.95，构造圈闭机理是正断层系统，地震油藏资料如图 4.2 所示。

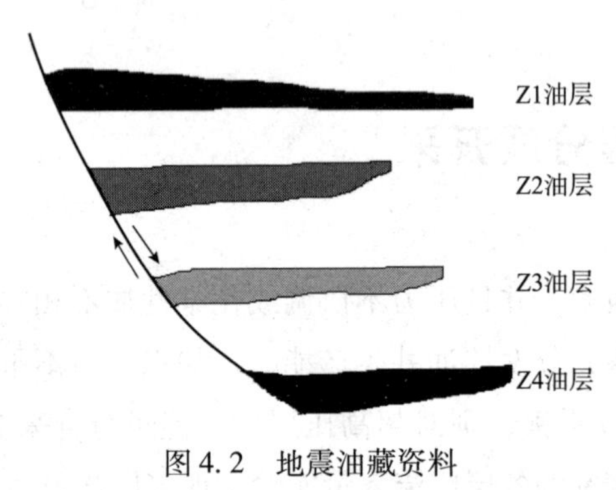

图 4.2　地震油藏资料

最初发展计划需要从单井井身钻高斜度井。油田的所有井把多层油藏作为目标，后来在单层完井下的一些井需要回填以及在更多油层完井下的井需要二次完井。一些井在双油管柱下完井来达到同步开采。所有井都需要修井工作。因为意识到以全油田模型作为研究目标太大，第一步减小了它的尺寸。这个模拟模型由操作者来提供，包括所有油藏性质。然而，顶层油藏与底层油藏的最佳协同作用应通过地表集成系统来实现。

因为没有对顶层油藏进行智能完井，这些层在这个研究模型中被去除。

另外，因为两个实例研究井被屏蔽，原始模型的东端和西端从靠断裂的模型的新东西边界移动着。结果模型使用了近似 30000 网格块，一半数目的网格块使用在原始模型中，具体操作如下：

在不改变第二口井 C2 的操作下，改变第一口井 C1 的操作。然后，井 C1 的操作固定在它的最优状况下，改变 C2 的操作。

智能完井系统从井 C1 开始，在 Z2 和 Z4 油层完井，每层表皮系数为 0。在一段混合期后，Z2 层的含水率开始增大。在 Z2 油层表皮系数为零时模拟重新运行，然后在含水率开始增大时不完全关井。这个方案改变了开采率但没有改变含水率，在重复这个过程多次后，可确定最优操作，即关闭 Z2 油层，在它开始水侵时完井。

靠改变 Z2 层产出的智能完井操作从井 C1 加速生产开始。同样的，井 C1 的变化动态也影响了两块目标油藏的其他井的动态，导致它们的附加采收。

最初操作下，井 C2 在 Z3 和 Z4 油层完井(Z3、Z4 当作单一油层处理)。当产出率降低到经济下限时，Z1 油层开始二次完井。模拟生产的 10 年内，井 C2 没有达到经济所限，因此再没有二次完井。

从井 C2 开始的智能完井在 Z1、Z3 和 Z4 层完井。在混流期后，Z1 油层的产水率开始增加。根据井 C1 的生产进程，在油层 Z1 的表皮系数为 0 时模拟再运行，然后在含水率开始增加时增大它。像井 C1 观测的那样，这个比率可以被改变但不改变含水率，因而，关闭水层产出被确定最优状况。

在智能完井加速井 C2 开采的操作下，从二次完井来开始二次生产。改变井 C2 的动态对油田其他井动态有较小的影响。因而，使井 C2 转化成智能完井可获得附加储量，而井 C2 没有转化成智能完井时则没有。因为研究中使用的模型仅仅为从操作者那里获得的原始模型的一部分，一些其他原始模型没有被模拟，这些井的生产剖面与模拟结果被复合构成全油田动态。整个流程可把原始模型的结果与研究结果做比较。

模拟以 10 年为周期在运行，在一个周期后进行经济评价。对每次经济分析，油价固定在一个值上，油价被用来确定 *NPV*(净现值)的敏感性。

对井 C1 进行智能完井，井的产出率提高 0.73%，全油田增长了 3.54%。单井动态对油田其他井动态很敏感。当井 C1 进行智能完井以后，与常规方案相比，它从 Z4 层产出的流体更少。在进行智能完井后两块油藏的产出等于在先前情况下 Z4 层的产出，Z4 层的开采速度比先前更慢。另一口井在同样区域完井，当它在 Z4 层开始注水时，该口井的注水量则是总产量的增加值，其经济价值的增长来自用低成本的智能完井分层开采代替了高成本的二次完井。用双油管完井的井 C1 的应有 *NPV* 加上折现率和二次完井的成本，是井的基本钻/完井成本的 56%~142%。提高的经济价值反映出双管柱完井比智能完井成本更低，然而双管柱完井仅能实现两块油藏。

把井 C1 和井 C2 转化成智能完井，可以提高 *NPV*，加上折现率和二次完井的成本，可达到井 C1 的基本钻/完井成本的 98%～F342%。

4.1.3 沙特阿美公司 Abqaiq 油田

沙特阿美公司的 Abqaiq 油田位于 Dhahran 西南方向大约 30km 处，在一个沿东北—西南方向带圆顶的背斜上。该油田共含有 6 个含油碳酸盐岩储层和 3 个含气碳酸盐岩储层，一个天然水驱加之边缘注水。智能完井配有远程单独控制井下节流阀，调整阀门到预期的生产状态，能够使油藏产水最少，产油最多。后来，沙特阿美公司采用远程操作阀对几口井进行完井，使 4～5 个层相对独立，并且有选择地进行生产。

智能完井系统用 4 级井下流动控制阀来控制每一裸眼层段的流入，阀门以节流的方式限制或者彻底关闭生产层位避免油井早期见水，智能完井结构如图 4.3 所示。

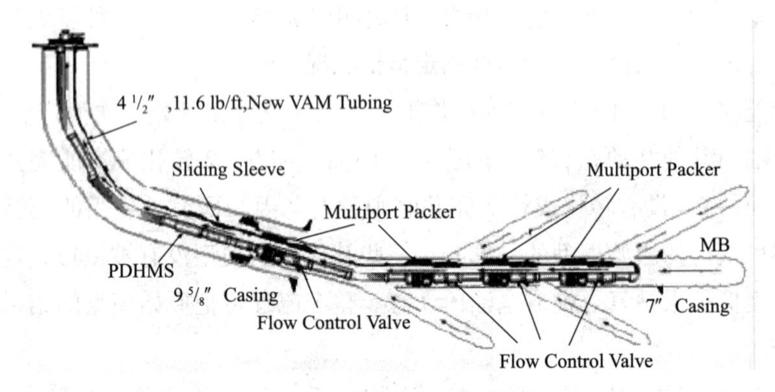

图 4.3　智能完井结构示意

在油井生命周期内，所有的设备都要确保是可靠的。数字井下仪表安装在封隔器上边，用来测量井下温度和压力。流量控制阀配置多个位置，其中一个是完全关闭，一个相当于流管流区，剩下流区单独设计用于表示最佳节流设置，井下工具如图 4.4 所示。

为了全面掌握油井产能或者是出于其他目的，每一个层都需要单独进行测试。因此，最上层和最下层的流动控制阀要在全开位置。一旦测试井在满负荷运转，就要以最大化油层波及效率和避免早期水突破进行生产优化。稳定性实验将进行储层压力及含水率监控，这就允许关闭水层，减少水处理成本，减少修井作业。用 PDHMS(Permanent Down Hole Monitoring System)监控油井生产周期内的流压，确保流压在泡点压力以上，避免井筒内出现气液两相流，从而提高采收率。在低需求期，能够对各层进行监控，并通过多级井下节流阀来选择生产，这些只在地面是无法做到的。

智能完井技术既避免了层间窜流，又可以优化生产。

4.1.4 北海 Tern 油田

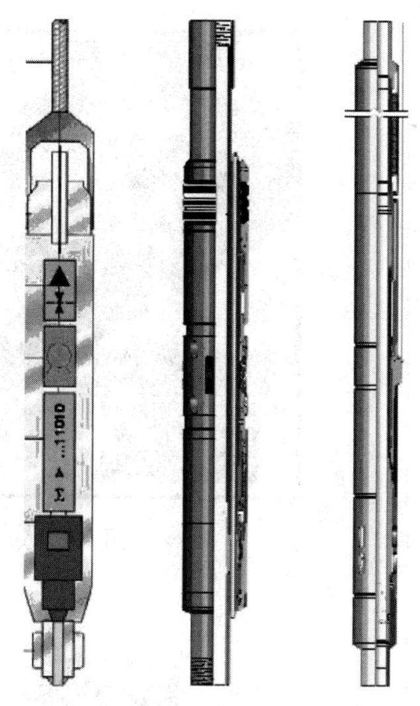

图 4.4 计量器、多通道封隔器和流动控制阀

在北海，英国壳牌公司已经在它的 Tern 油田运用智能完井对 Lower Ness/Etive 和 Upper Ness/Broom/Rannoch 层进行合采。之前开发这部分储量时，是按顺序先采 Lower Ness/Etive 层，后采 Upper Ness/Broom/Rannochs 层。设计好的智能完井包括：2×3½in 液压 ICVs，1×9⅝in 和 1×7in 穿心封隔器，带有夹持元件的双重控制电缆。应用智能完井技术能够使主井筒所对应的产层在 Lower Ness/Etive 和 Broom/Rannoch 之间切换。选择性测试这两个层位，允许各自生产且互不影响；也能够在没有生产记录的情况下得到含水率。据估计，可以将生产速度提高到 430000bbl/d，多出来的 85000bbl/d 全部归功于智能完井系统。

4.1.5 Agbami 油田

Halliburton 公司在尼日利亚海上 Agbami 油田使用 17 口双层合采智能采油完井、9 口智能分层注水完井和 4 口智能分层注气完井开发整个油田，实现全油田智能化，达到少井开发油田的目的，油水分布如图 4.5 所示。优化调控后，生产初期平均单井产量从 795m^3/d 增加到 1590m^3/d，单井产量增加了 100%，智能完井工作流程如图 4.6 所示。连续生产 2 年后上部产层含水率为 2%，产液量 1212.3m^3/d，下部产层生产无水原油 878.8m^3/d。到 2014 年，30 口智能完井连续工作了 6 年，通过使用智能完井技术优化油藏管理提高单井产量、注水波及效率、取消常规生产测井以及免除修井等人工作业，全油田节省生产成本 5 亿美元。2015—2018 年，又将剩余的 8 口常规采油井改造成智能完井，Agbami 油田彻底实现智能油田生产。

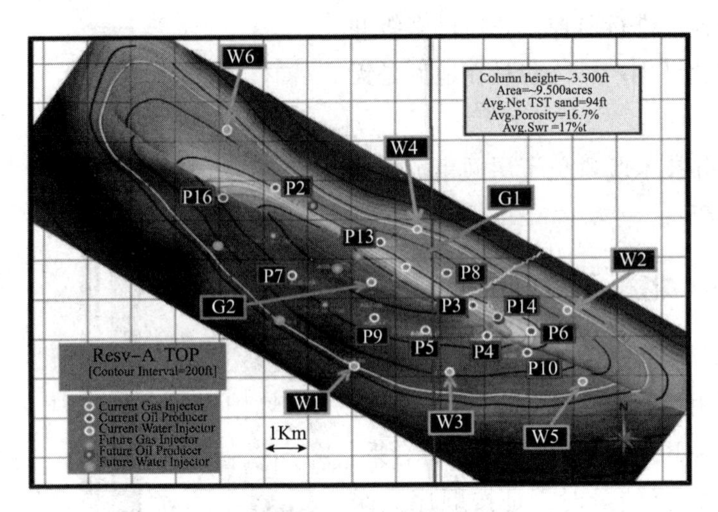

图 4.5　Agbami 油田油水井分布

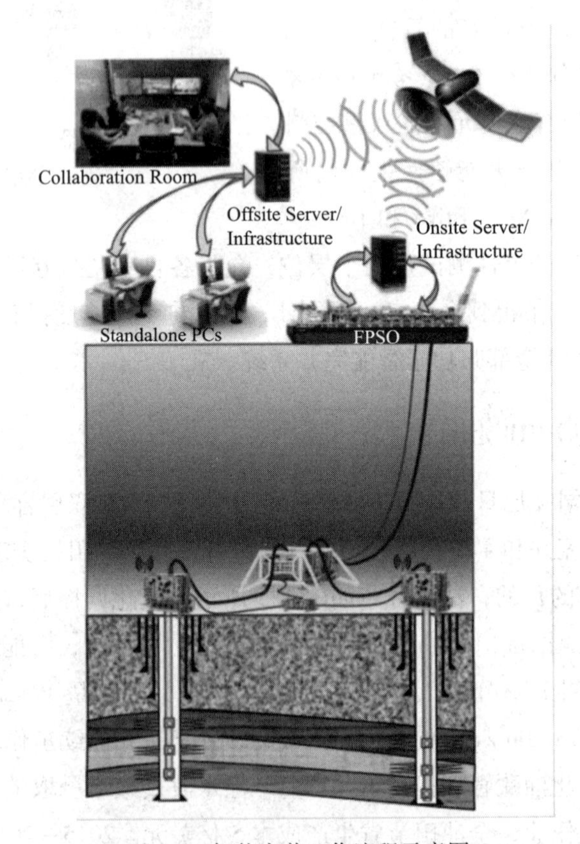

图 4.6　智能完井工作流程示意图

4.1.6 大庆油田

大庆油田开发出无线传输智能完井技术，无线传输流量控制阀采用压力脉冲信号调控流量控制阀阀门动作，实现信号无线传输。当需要关闭或开启某一层流量控制阀时，在井口产生压力脉冲信号，当该压力脉冲信号与流量控制阀编程码一致时电动机工作，完成流量控制阀的打开和关闭动作。大庆油田已经开发60多年，平均含水率在80%以上，油田整体已经进入高含水期，常规水平井开发已经无法满足日常生产的需求，迫切需要智能完井技术来解决水平井高含水的实际问题。大庆油田在9口水平井上使用了无线传输智能完井技术，使用智能完井技术后，利用智能完井的实时监测功能，监测油井的含水情况，及时关闭高含水层，控制油井在低含水层或低含水部位进行生产，调控后平均单井产油量从2.1t/d升至3.5t/d，平均含水率从89.2%降至70.6%。智能完井管柱如图4.7所示。

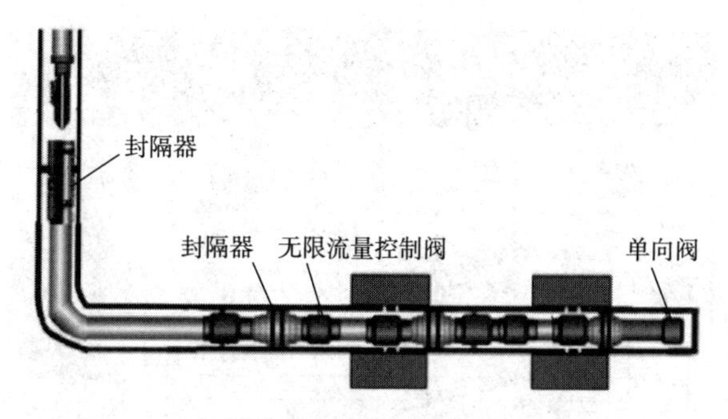

图4.7 智能完井管柱

4.1.7 辽河油田

辽河油田某井进行智能完井分层采油现场试验。该井分为上、下两个产油层，单井产油量为4.8m³/d，含水率达到80%，该井已经进入高含水期。使用的智能完井技术主要由井下动态监测子系统、井下流动控制子系统、井下优化开采系统和完井管柱与工艺组成。该智能完井技术使用3根直径6.35mm的压控管线遥控井下2个液控遥控阀运动。井下动态监测子系统分为三部分：上层为光纤动态监测系统，下层为电子动态监测系统和井筒分布式测温系统，实现井下温度、压力和井筒温度剖面的实时测量，也可实现井下遥控阀的实时调控。改造成智能完井后，采收率提高了10.5%。智能完井管柱结构如图4.8所示，井下优化开采系统如图4.9所示。

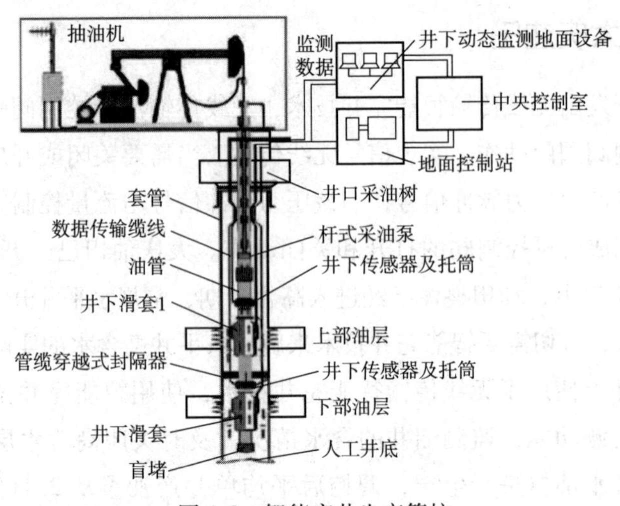

图 4.8　智能完井生产管柱

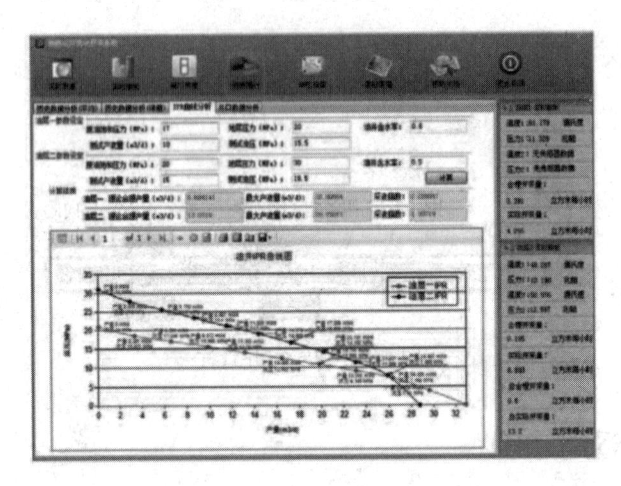

图 4.9　井下优化开采系统界面

4.2　注水和注气

4.2.1　巴西海上 Varginha 油田的 VRG 井

2000 年 Baker Oil Tools 公司在巴西海上 Varginha 油田的 VRG 井成功安装了世界上第一套全电子多层智能完井系统。这是一口注入井，靠卫星传送数据，从办公室可以遥控监测到距离为 265 km 的井场。第一次实现了在该公司总部，通过卫星通信遥控监测和控制了 2 个层位的注水速度。

该公司选用这种装置的理由是其简单性和全电子设计，增加完整进入法和动力－通信一体化结构，现有的采油树不需要或仅需要很小的改动。此完井装置可以在实时监测井底、油管和环形空间内的压力、温度和流量等参数变化的同时控制流动。利用装在船上的压力、温度测量仪和井下文丘里流量计并通过可无限级变化的节流阀进行监测。将水注入一个层位时，工程师能够实时地看到上游和下游的压力变化以及水注入每个层位的直接影响。新装置的心脏是调节阀部件，它具有2个高分辨率的石英传感器(压力传感器、温度传感器)和1个1/4in双馈通管，该装置可以提供：①从环空到油管进行无限级变化的节流控制；②节流阀位置的直接探测；③机械备件的换位能力。

4.2.2 东南亚Brunei S. W. Ampa油田的地层气注入

自1972年起，AV油藏S. W. Ampa的第11区块就开始投产。该油藏位于1800～2000m深的浅海相砂岩和封闭页岩的交替层序上，油藏质量很好，孔隙度和渗透率分别为20%～25%和0.2～0.6 μm^2，而且Ampa的原油特性优良(40°时，黏度0.35mPa·s)。AV油藏的地质结构就是一个简单的背斜，被东－西向的一系列断裂分割开来。区块11在南部与Betty-Baram沉积断层相接，在北部与21区域断层接壤，21区域断层把区块11和区块12及其强大的含水层分开。随着一个黏土塞从西南侵入，向东北方向逐渐变薄、变细，区块11的储层几乎与Ampa 21区域结构的其他部分隔开。这种结构使区块11的储层缺乏含水层的压力支持，迫切需要压力保持措施。

后来，Lau等的研究结论指出：为了使AV油藏的采收率得到逐步改变，有必要实施压力保持对策。虽然考虑了常规的注水、注气方案，但因其巨大的资金需求而最终放弃。紧接着又提出了一种新的用于改善基础驱油机理的“地层气注入”方案。AV油层都直接位于一系列的富含非伴生气的气层下面，这些气层曾经为Brunei的LNC厂供气。

油田开发方案提倡在AV和AW/AX油层的脊突上钻“地层气注入”井。这些井以全工序完井，而且从AW/AX到次生气顶的层间窜流被小心地激发。2000年2月，BSP在SW Ampa的11区块钻了它的第一口地层气注入井SWA－285 ST 3并完井。其独特的完井设计包括：在AW/AX砂面用长裸眼砾石充填来控砂；地面控制的微型液压防喷阀(LV)；无需电线就能控制地层气注入和回采的层段控制阀(ICV)；2个井下永久环空压力和温度计，用来监视油管压降，以便计算注气速度及关闭产层时监视油层压力。

17个月的现场注气试验证明采用智能构件效果非常好。285井允许对层内气体注入速度进行计算，无需下电缆干预，就可以通过反循环洗井和酸化来对注气层段进行清洁。现场数据已证实，层内气体注入方案正在产生积极的效果。首先，几口观察井的数据表明AV油层的压力已经上升；其次，几口构造下倾部位井正在以高于层内注气方案开始之前的速度生产。继这些积极的效果之后，在构造下倾部位钻了1口水平井以获取第一口内部注气井的效益。另外，在毗邻的区块又钻了第二口内部注气井。

4.2.3 科威特西部油田自流注水井

2007年初，科威特西部油田采用智能完井工艺完成一口可控制自流注水井，提高了用自流注水工艺维持压力平衡的油藏管理能力。

科威特西部Minagish和Umm Gudair油田分别于1958年和1962年开发。两个油田的初始产层均位于白垩系早期的Minagish Oolite地层。该地层为欠饱和碳酸盐岩，由沉积在海洋浅滩上的多孔粒状灰岩和泥粒灰岩组成。最初40年，Minagish Oolite储层靠一次采油、注气和弱水驱生产含水低甚至不含水的石油。20世纪80年代初期，油藏压力下降，井底流压不足以维持较高的自喷产量，采用潜油电泵增产，但油藏压力急剧下降。为解决该问题，增加产量，需要一种能够替换从油藏中采出的石油容量并保持油藏压力的方法。

Zubair地层为一个主要的含水砂岩层，硬度适中，渗透率1～3D（$1D = 1.02\mu m^2$），与Minagish地层相比，具有区域大、构造隆起、压力高等特点。将Zubair地层中的水自流注入Minagish Oolite储层的技术首次试用于Minagish油田，后来又在Umm Gudair油田的一口边缘油井进行了先导试验。

1. 第一口自流注水井

科威特西部第一口自流注水智能完井是在生产油管上配置并使用了层间控制阀（ICV）和永久式井下监测系统（PDHMS），以便控制从Zubair水层流到Minagish Oolite储层的注水量，传输温度和压力数据，并由地面采集系统记录和显示，如图4.10所示。

油井完井组成从顶部到底部依次为：139.7mm生产油管、244.5mm馈通式封隔器、139.7mm温度/压力计、139.7mm ICV（安装在Zubair水层顶部）、139.7mm油管加长管（从ICV至Minagish Oolite储层顶部的永久式封隔器）。加长管与密封总成一起插入永久式封隔器内。

控制油井和层间压差的作业方式有以下两种：

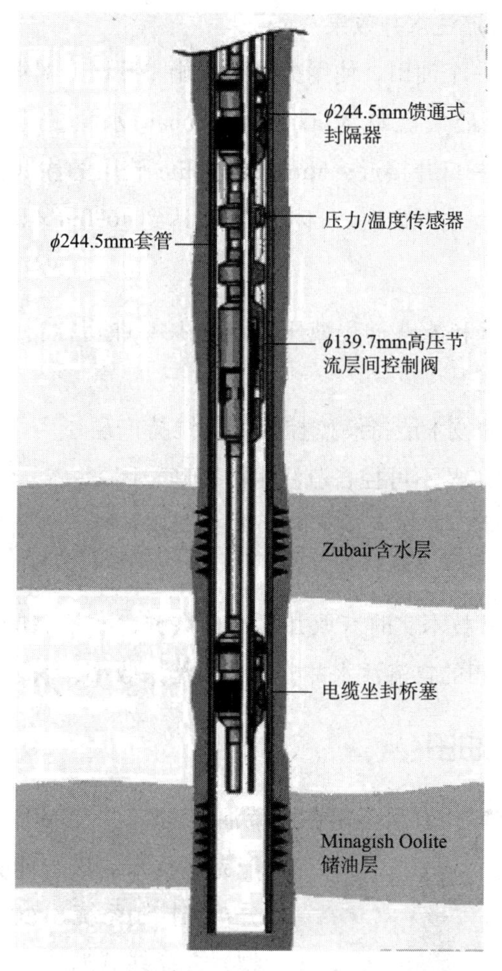

图 4.10　自流注水智能完井示意图

（1）用套管射孔枪对 Zubair 水层射孔，通过电缆坐封底部永久式封隔器；安装其他智能完井装置，将加长油管插入封隔器内，液压坐封上部馈通式封隔器；使用过油管射孔枪对 Minagish Oolite 油层进行射孔。

（2）射开 Minagish Oolitc 油层，通过电缆坐封带有可泵出堵头的下级永久式封隔器；射开 Zubair 水层，循环出封隔器上方的岩屑，安装其他智能完井设备；将加长油管插入封隔器内，液力坐封上级馈通式封隔器；对生产油管加压，泵出堵头。

成功完井后，Zubair 水层的生产指数稳定在 5882.52～6561.28m^3/(d·MPa)，在预测值范围内；Minagish Oolite 储层的注入指数从 221.73m^3/(d·MPa) 提高至 409.51m^3/(d·MPa)，接近原始预计值；如果两层的压差与原始预计值相近，ICV 完全开启时，每天的自流注水量可以达到 6240m^3。

2. 第二口智能自流注水井效果

在科威特西部另一个油田，使用类似的智能完井设备对第二口自流注水井进行完井。完井后，每天最大流量为3744m^3；Zubair 水层的生产指数约为5113.27 $m^3/(d \cdot MPa)$，与第一口井接近；Minagish Oolite 储层的注入指数较高，为690.07 $m^3/(d \cdot MPa)$；阀门完全开启时，自流注水量达到4680m^3/d。

3. 结论

(1)智能完井技术和能够远程液压控制的ICV在可控自流注水井中使用可靠，经济效益高；

(2)实施智能完井技术能持续监控流量，维持产层压力，减少对生产测井和水处理等地面设备的需求及不可控自流注水的不确定因素；

(3)初步应用表明，该技术在了解油井和储层特性，明确需要的补救和增产措施等方面作用显著；

(4)通过智能完井技术实时获取井下生产数据，监控储层及进行模拟分析，能够更好地管理整个油田的自流注水井，提高最终采收率，获取最大效益。

4.2.4 蓬莱油田

中海油能源发展股份有限公司在蓬莱油田M03井和M08井使用直接水力式智能完井技术，该智能完井技术主要由地面分析和控制系统、液压式层段控制阀(开关型)、穿线式管内封隔器、永久式井下传感器、液压控制管线和电缆传输管线等组成，关键井下工具如图4.11所示。永久式井下传感器采用电子压力和温度计，可以实时监控井下每层段的压力和温度数据，并通过压力和温度数据判断井下每层段的层段控制阀的开关状态。该智能完井技术实现了无人平台远程控制注水井的分层配注，降低了动员钻井船进行修井的频率。单井注水量高达1105~1257m^3/d，平均单日注水量增加18%，增注效果显著，智能完井注水管柱如图4.12所示。

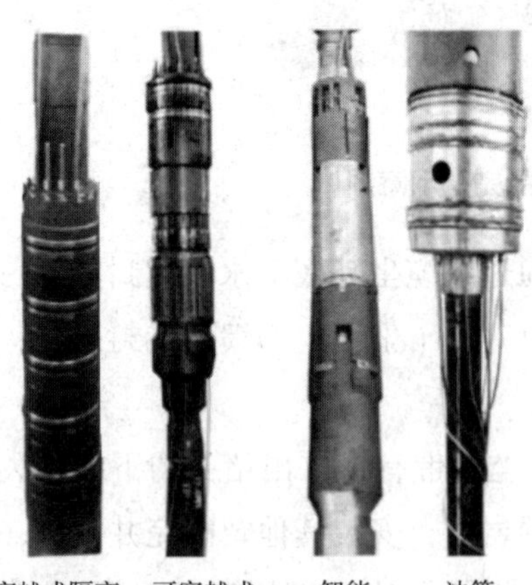

图4.11 智能完井关键井下工具

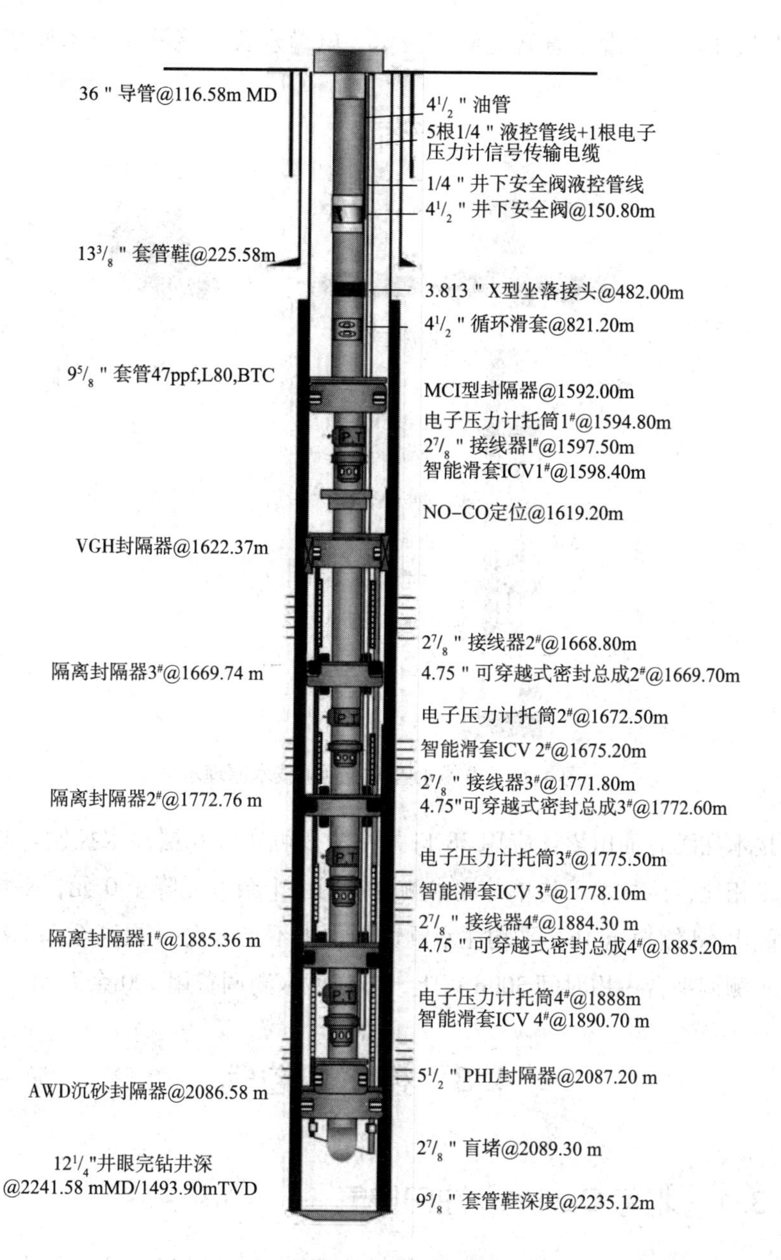

图 4. 12　智能完井分层注水管柱

4. 2. 5　渤海油田

渤海油田有 45 个油田正在生产，其中 35 个油田以人工水驱为主要开发模式。由于常规分层注水时存在单井测调占用平台时间长、测调效率低的问题，因此，研究出了分层注水井电缆永置智能测调技术，电缆永置智能测调技术原理如图 4.13 所示。

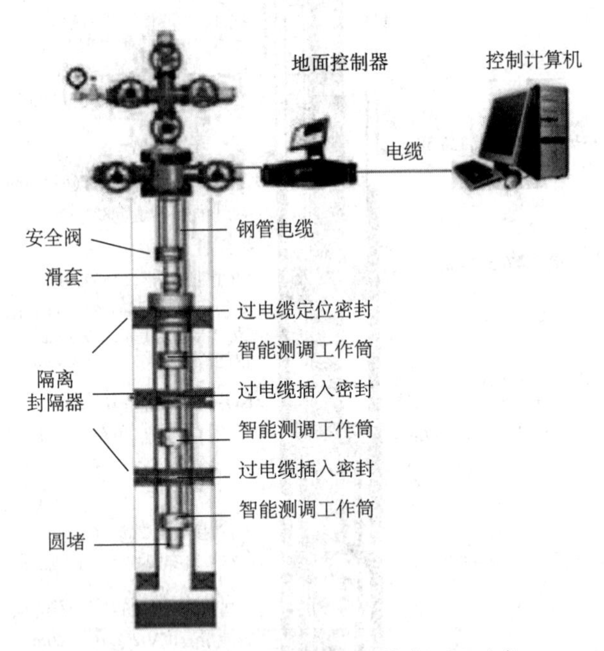

图 4.13　电缆永置智能测调技术原理示意

该技术在渤海油田累计应用 38 口井，最多可实现 6 层注水控制。与常规分层注水技术相比，该技术平均单井注水测调费用由十余万元降至 0 元，平均单井注水测调时间由 4d 缩短至 4h，平均注水测调频次由不足 1 次/a 提高至 2.1 次/a，累计缩短注水测调平台占用时间 300d 以上，节省注水测调费用 900 余万元。

4.3　控水和控气

4.3.1　北海 Oseberg 油田控气

1984 年 Norsk Hydro 钻 30/9－3 井时发现 Oseberg 油田，这个巨大的油田位于 Bergen 西北部 140km 处的挪威近海，水深近 100m。该油田有 3 个主要的储集层：最上部的是 Tarbet 层，中间的是 Ness 层，Oseberg/Rannoch/Etive（ORE）层在最底部。一般情况下，Tarbet 和 ORE 层的油品较好，其渗透率在 1μm^2 以上。Ness 层由河道砂层构成，单个砂体之间的过渡差异大，限制了波及效率。

智能完井可以对产气量过多的层进行远程控制。Oseberg 油田于 2007 年之前已经有4口井应用了智能完井。流入控制阀在完全打开或关闭之前有2个中间停顿的位置(在开口的1/3和2/3处)，在油管和环空内对每个层的温度和压力进行监视，并有定位器显示ICV的位置。

1998年4月，B-30B井成为第一口智能完井的井。1个层安装了智能完井设备，另外2个层安装了机械滑套。该井的产层是Tarbert。1999年6月，当该井因高含水快要枯竭时，操作者关掉了出水层，含水率下降，出油率大幅度改善。后来，该井因结垢和举升问题被废弃。

1998年8月，B-21B井针对Ness产层的4个小层进行了智能完井。在刚开始的洗井阶段，1个小层曾经见气，如果没有层段控制，该井的产油量可能因为严重含气而受到限制。在3个多月的时间里，该井多产了3.8×10^4 t原油。此外，还收集了许多有价值的数据，如关井压力、生产油管压力和环空压力等。

1998年11月，B-41A井针对Oseberg产层的4个小层进行了智能完井。启动时所有的传感器和辅助系统全部运行正常。1999年1月(运行40d后)，1个小层下部的通信失灵，由于原因不明，2~4小层得不到监视和控制。在故障前，1、2小层设定在1/3开的位置，相对于层段控制的缺失，这限制了地层气油比的提高。

B-29B井基本上以Ness产层为主，完井层位是Ness产层的2个小层和Tarbet产层的1个小层。1999年8月投产，3个小层的生产还算良好，但是该井从一开始就由于低压和举升问题而步履维艰。应用注气加压对策，该井在注气2d后生产直到停产。2000年2月，在针对低压管汇生产了一段时间后，该井见气，自此，该井一直生产，但未外加任何层内节流措施，仍然完全打开。

从Oseberg地区4口智能完井获得的生产经验是鼓舞人心的，但是由于设备安装失败，所得的成效有限。不过，我们可以看到以下两点：

(1)智能完井的潜力是非常巨大的，非均质或均质地层的油水锥进情况从这项技术中得以解决；

(2)设备必须有很高的可靠性，再一次说明了智能完井的特点问题。

4.3.2 英格兰Wytch Farm油田控水

1999年2月，在英格兰南部的Wytch Farm油田的大位移多底井M15上，进行了由地面控制的井下流量控制完井。Wytch Farm油田是欧洲最大的陆上油田，以在Sherwood油藏的大位移(延伸)钻井和完井而闻名。M15井的前身是1994年钻的1口大位移老井M2井，该井一开始就存在大量问题。例如。因为水泥瞬时凝固，140mm的尾管没有被水泥固结住就射孔。由于管理上的原因，导致含水迅速上升，随后的堵水工作也不成功。

M15 井完井包括 3 个由地面液压控制的完全相同的阀(其中的 2 个在同一分支上)。这些阀既可以完全关闭，也可以在 5 个序列点的 1 个点位上，这些序列点位把阀的开口分成完全相等的几何形状(从最小的开口到完全打开分成 1、2、3、4、5 位置，0 位是完全关闭)。在地面，通过专门的控制线缆进行压力循环，以便调控阀的点位。其他关键组件包括开关、封隔器、电潜泵和流量计等。

正如 Gai 所报道的，在 2a 多时间里，通过完井段的流量控制仪，无论是使原油产量最大化方面还是应对偶尔出现的不利条件上，该井都得到了很好的控制，例如在控制设备采出水方面和控制电潜泵变速驱动的液流方面。随着完井的成功，M15 井生产状况大大改善。

4.3.3 沙特阿美公司 Shaybah 油田

Shaybah 油田发现于 1968 年，位于沙特阿拉伯的 Rub'al-Khahi 沙漠，大约长 64km、宽 13km。19 世纪中期倾向于用 1km 水平井开采 Shu'aiba 油藏。因为存在一个大气顶和微弱的含水层，预示着用水平完井可以减缓早期气突破并同时达到理想的经济生产速度。该油田于 1998 年 6 月正式投入生产。

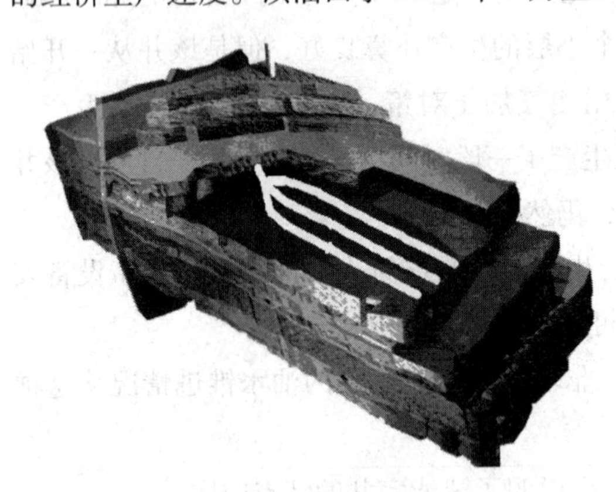

图 4.14 井身结构

2002 年初，油井的设计得到优化，如图 4.14 所示，通过提高 MRC 来提高油井产能，目的是要减少单位钻井成本($/ft)和生产成本($/bbl)，有效利用面积有限的盐沼区域。这些井的油藏接触距离比较长，整个油藏范围内的孔隙度和渗透率差异特别大，非均质性极强，导致气或水会提前侵入其他层，这就要求合理进行井的设计来有选择地控制各层生产。于是，2004 年 3 月在沙特阿拉伯的 Shaybah 油田成功安装了第一套智能完井。

这是沙特阿美公司运用智能完井技术完成的第一口 MRC 井，这口井有一个主井眼和两个分支，总的油藏接触达到 8.7km，如图 4.15 所示。该井在油田中央，三个水平段均位于气顶之下，垂直方向上距离油气接触面 150ft，距离油水接触面 60ft。这样的井很容易提前见气或水，非常有必要安装智能完井系统。该井于 2004 年 6 月以 7000bbl/d 的生产速度投入生产，再后来又做了进一步的生产优化。

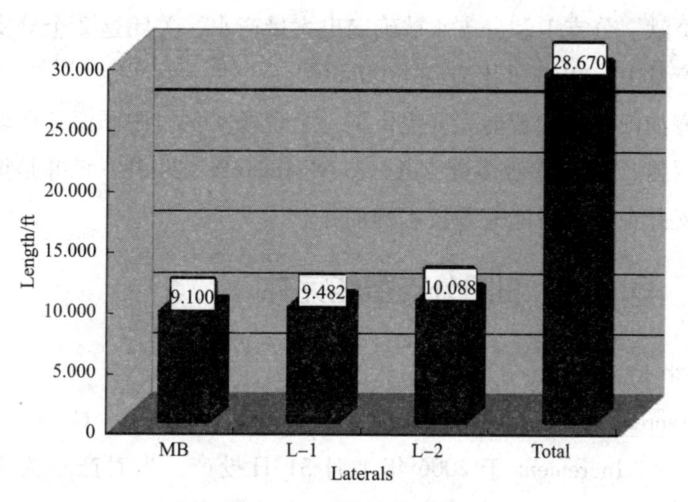

图 4.15 油藏接触距离

沙特阿美公司在 Shaybah 油田成功部署了第一套液压流量控制系统，所获得的成功激发了各种井下流量控制系统在沙特阿美公司下属油田的广泛应用。截至 2005 年底共安装了 20 多套，使得沙特阿美公司能够很好地进行油藏管理和生产优化。

后来，除了 MRC 井，智能完井技术也在 Shaybah 油田得到广泛应用，诸如井下流量控制系统、膨胀管、生产均衡器等，这些都极大地改善了油井性能。智能控制技术旨在优化多分支井各个分支的生产，以防提前出现气或水的锥进。此外，智能完井技术还通过更好地洗井提高了多分支井的产量。在气油比较高的井上安装生产均衡器可以限制气的锥进，提高油井产量。

4.4 多分支井

利用流动控制来优化多层油藏生产在多分支井中显得更加迫切，智能分支井控制技术可以消除某一分支中发生的意想不到的生产情况。

4.4.1 Saih Rawl 油田智能多分支井

阿曼石油开发公司在 Saih Rawl 油田重新完井的一口生产井提供了一个智能多分支井的现场案例。该油田采用在油柱顶部利用多分支生产井、在水体部位利用多分支注水井，以底水驱提供能量的方式进行开发。为了消除所出现的问题，在四腿多分支(TAML2 级)的 SR108 生产井进行重新完井，主井眼中采用 4 个阀来控制各分支的生产贡献。分支 1 和分支 4 被确定出大量产水，关闭这 2 个分支的流动控制阀后，原油产量由 300bbl/d 上升到 1700bbl/d。

南爪哇海油田安装的智能完井提供了一个现场实例。中国海油在印度尼西亚成功完钻一口两腿、TAML6 级多分支井——NE Intan A－24 井。该井是世界上第一口在第 6 级分支井中采用智能完井技术的油井。

4.4.2 Ghawar 油田分支智能完井

1. Haradh Increment-Ⅲ区块

Haradh Increment-Ⅲ区块位于世界上最大的陆上油田——Ghawar 油田的南部，如图 4.16 所示。Increment 于 2006 年 1 月 31 日投产，当时产量为 3×10^5 bbl/d。Ghawar 油田的发展大多依靠直井和水平井，先进的钻井技术为 Haradh Increment-Ⅲ区块创造了 32 口多分支井，共接触油藏 193km。同时，MRC 井的运用降低了原油生产成本。该区块含有扩散性裂缝、裂缝通道和 super-k 区域，这些裂缝在恢复和保持压力方面起着重要作用。研究表明，在这里 MRC 智能完井比单一的水平井更有效，增量型节流阀比开/关阀能更好地控制水的生产。图 4.17 显示了一个典型的完井示意图。

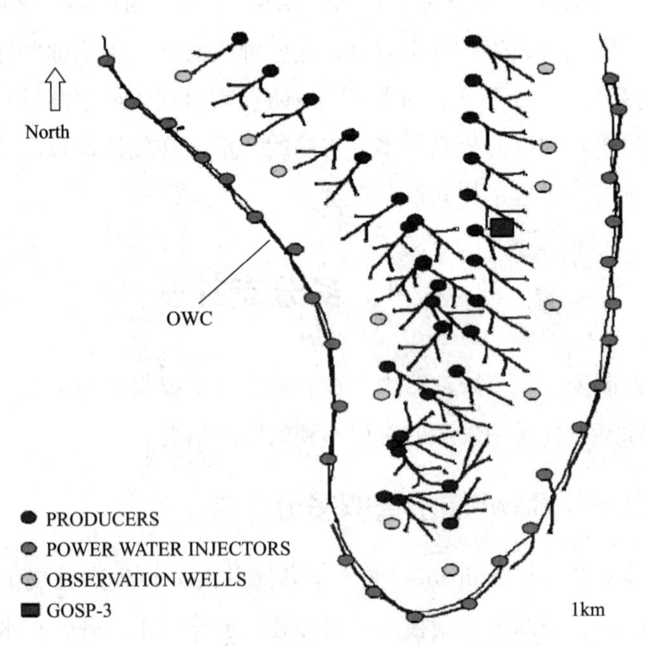

图 4.16 Haradh Increment-Ⅲ地形图

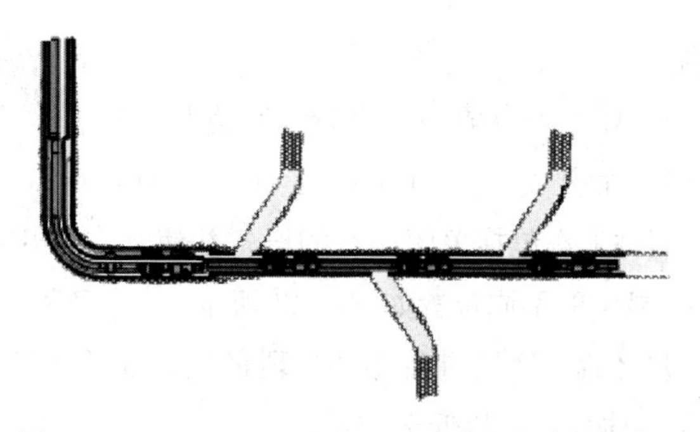

图 4. 17 Haradh Increment-Ⅲ一个典型的完井示意图

2. Haradh-Ⅲ区块

Ghawar 油田的 Haradh-Ⅲ区块曾完成28 口多分支智能完井，减少井数的同时提高了单井产量。在该油田运用 MRC 井和智能完井技术延迟水侵，提高了注水波及效率和采收率，也降低了操作成本。表 4. 1 显示了项目统计结果。

表 4. 1 Haradh-Ⅲ项目统计

Production MBD	300	Multiphase flow meters	40
Injection MBD	560	RTU/SCADA	72
Producers	32	Flow lines (10")	68km
Injectors	28	Injection start up	Sept 05
Evaluation/Observation wells	12	On stream date	Feb06
Permanent downhole gauges	40	Intelligent completions	28
Average PI	150	Average reservoir contact	5 Km

Haradh-Ⅲ区块的智能完井用全液压井下控制系统来控制 ICV，每个阀都有 10 级控制位置，封隔器使每一层段相对独立，这样就可以实现分层控制。智能完井下控制系统与地面数据采集和控制平台相结合控制井下 ICV，同时监测由井下传感器测量的数据。作业者能及时识别出操作井下控制阀对油井产生的效果，包括含水率、井下压力和温度等。采集到的数据经公司内部网络传输到工程师操作平台用于智能完井生产的分析与优化。

Haradh-A1 井的测试工作从油气分离站成功进行，而不需要工程师跑到井场去。这口井有 1 个主井眼和 2 个分支，分别在 3 个区域完井，每个区域都有 1 个井下阀门来控制流体的流动。智能完井的井下流动控制阀由运营工作站远程操作，同时还可以随时观察到井下压力/温度计测得的数据。可以看到，当关闭所有层位时，压力/温度计读数下降；打开时，压力/温度计读数增加。MPFM(MultiPhase Flow Meter)连续记录气油比、含水率、原油流动速率，控制阀上游和下游的表面压力通过表面扼流圈远程监控。

Haradh-A2 井从 SCADA 平台成功地进行远程操作。该井也在 3 个区域进行完井，有 1 个主井眼和 2 个分支，在 SCADA 上标记为 L0(mother bore)、L1(lateral 1)、L2(lateral 2)。测试工作包括关闭所有的设备并使它们在开始移动之前回到初始位置，SCADA 屏上显示的不同位置如图 4.18 所示。

Haradh-A2 井完井之后，连续进行不同层段的测试工作以确保油井性能最佳。即使生产 2 年以后，整体含水率仍低于 1% 。

3. Haradh 区块

Haradh 区块位于 Ghawar 油田的西南部，距离东沙特阿拉伯 Arabian Gulf 海岸大约 80km，如图 4.19 所示。Haradh 区块包含 3 个 increments：Increment-1 于 1996 年 5 月最早开始生产，后来，Increment-2 和 Increment-3 分别于 2003 年 4 月和 2006 年 1 月陆续投产。

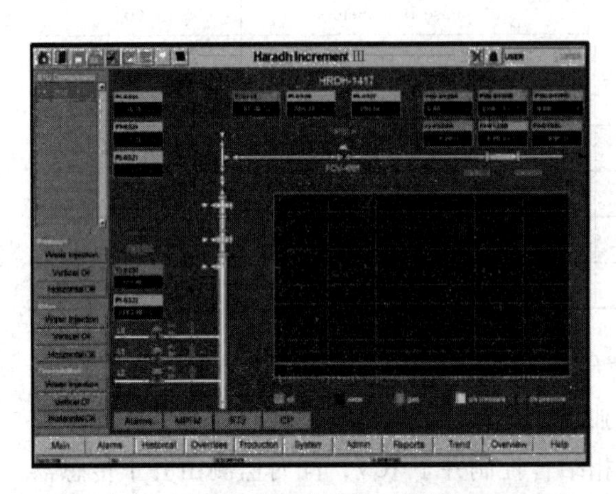

图 4.18　集成井控显示器

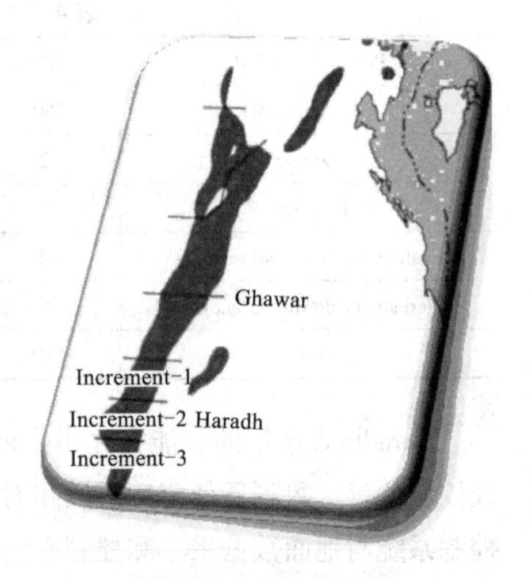

图 4.19　Ghawar 地图

Increment-1 最初主要用直井开发，而 Increment-2 用水平井开发。之后，在 Increment-2 的 MRC/ML 井和智能完井系统是一个概念验证项目的组成部分，用于测试和评估这些技术对油藏和油井性能的影响以及在油藏经营管理方面起到的作用。根据项目验证的结果，Increment-3 用 MRC/ML 井和智能完井进行开发。

Haradh-A12 井是 Ghawar 油田第一口配有智能完井系统的 MRC/ML 井，于 2004 年 4 月钻成，在 1 年以后修井时安装了智能完井系统，通过一套地面控制的多级变量液压系统来实现 3 层段选择性完井。设计了配有 3 个多级井下流量控制阀的智能完井来控制每个裸眼层段的流入，如图 4. 20 所示，这些阀通过实时限制或者完全关闭含水率上升的层段进行节流操作。

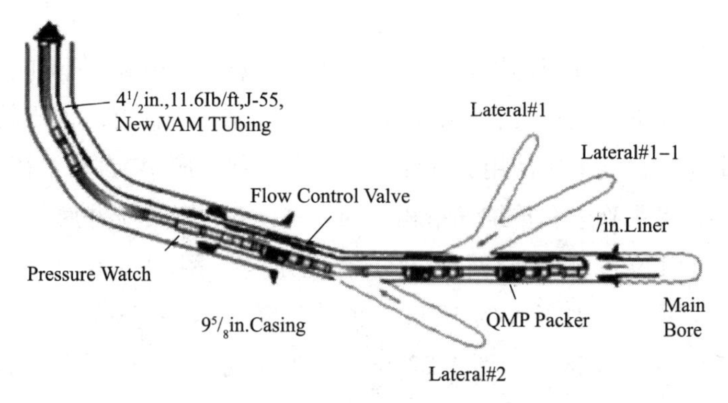

图 4. 20　Haradh-A12 智能完井原理

安装智能完井之前，油井只从最底层生产。而采用智能完井以后，测得原油生产速度为 18000bbl/d。

4. 4. 3　Shaybah 油田

Schlumberger 公司在沙特阿美石油公司的 Shaybah 油田完成了世界上第一口多分支全电动智能完井，3 个分支井与油藏接触长度长达 6km，如图 4. 21 所示。该井是目前世界上最先进的智能完井，每个分支井内都安装有流量控制系统与井下监测系统，实现了独立监测与调控每个分支井生产剖面的目的，较以往只在主井眼中调控各分支总流量与压力的方式可以更有效地开发油气藏，该井的成功应用标志着智能完井在多分支井中的应用已经成熟，是未来高效开发油气藏的主要技术之一。

图 4. 21　多分支全电动智能完井示意图

4.5 自动气举

在印度尼西亚，全油田利用智能完井技术从上覆气顶引导“免费能量”来支撑下伏油藏的开采，而下伏油藏具有很高的含水率。以前，这种近海油田的开采都是利用传统的气举完成，气举所使用的气体来自平台外部。应用“自动气举(AGL)”的概念，智能完井技术去除了和传统气举相关的基本设备以及传统井底气举设备。

KE－38 油田位于印度尼西亚爪哇盆地东部，距 Madura 群岛北海岸大约 30mile，这一区块平均水深大约 190ft。油层厚度为 60～300fl，并带有一个平均 500ft 的气顶和一个底水区，如图 4.22 与图 4.23 所示。油/气层接触面实际垂直深度是海下 4500～5000ft。

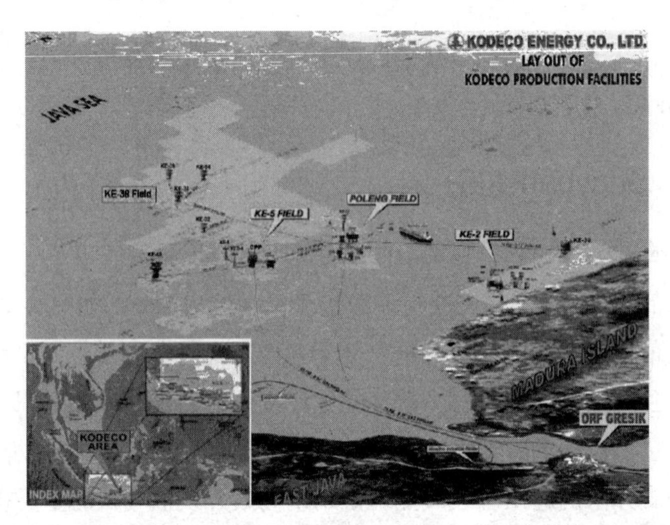

图 4.22 Kodeco's KE38 油田

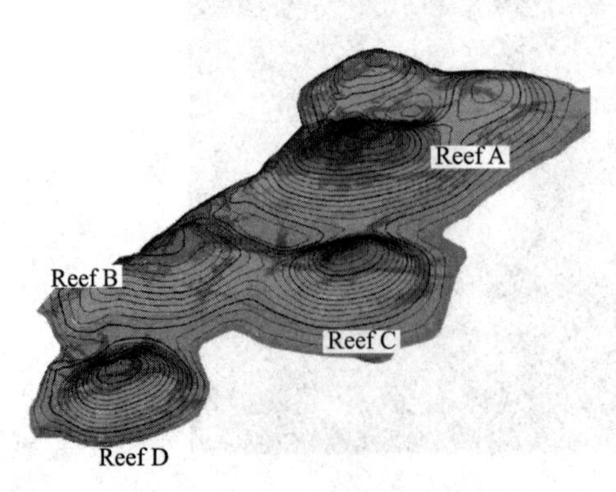

图 4.23 Kujung 层穹窿构造

油环孔隙度范围是 18%～26%，渗透率是 20～100mD，油藏一般是受压的，并且其产油率为 5～20bbl/d。最大井底压力和温度分别是 2200lb/m^2 和 195F°，原油含少量蜡，API 35°。由于油藏流体几乎饱和，因此起初井内产出物是自然流动的。然而，由于出油管线压力高(大约 900lb/in^2)，这些油气井在运转的最初阶段则需要人工举升的方式来驱动流动和维持气液比使产油率最优化。

常规气举生产对于气举阀套的下入深度有一定限制。最大安装角度要小于60°。然而，AGL间歇式控制阀可以安装成任意角度，并且为达到产油量最优可以下到井筒最深点。AGL方法能够改变一个没有化学反应干预的区域内的流动特性。

AGL利用自然能量来举升油藏内的流体，这些能量来自气顶气或者邻近气藏的气，因此这种方法去除了地面上的人工举升基础建设。这个方法的优点就是可以避免巨额的资金成本，降低了运转成本，减少甚至没有井间干扰。对于AGL技术，来自气顶的注入气直接引导到管线系统来减轻液柱流体静力学特性，从而提高油井生产效率。注入气由一个液压驱动的井底遥控ICV控制，它安装在两个封隔器之间使其独立于气顶里。从地面对ICV进行关闭或控制，而气流则根据井内动力学条件发生变化。

除去压缩机等相关装备和海下管线系统大约能节约2千万美元，如果使用气井作为气举气体来源而不是使用配有压缩机的气井，大约只需要1千万美元。额外的产油量是200bbl/d，这比常规的气举方法得到的产量高出10%。因为ICV能够安装到更深的位置并且不受安装角度的限制，在一个管线系统里使用ICV作为自然气源气举系统所消耗的操作费用比起其他在此油田的人工气举系统在整个操作运转费用上实现了减缩。

ICV AGL系统提高了对于具有气顶气/气藏的采油各个方面的优化效率。自然气源的气举系统不再需要相关的人工气举设备，其优点在于：

(1)ICV能够安装到最深布置深度并不受井眼轨迹和角度的限制；

(2)可变式ICV的尺寸可以在地面进行调整以便满足油井生产的最优化；

(3)由于ICV系统不再需要压缩机和海下管线系统，因此它能够减少总投资费用；

(4)相比于通常需要直线管线操纵和在此管线运转时还需关井的常规气举方法，ICV系统由于其可以调节成合适的尺寸，因此它能够避免油井生产干扰。

4.6 薄油层开采

智能完井使得提高薄圆柱形油藏采收率成为可能，通过控制气和水的产出增加了单井累积产量，运用智能水平井开发薄圆柱形油藏已经获得了很高的效益。

Mahogany气田(offshore Trinidad)的经验告诉我们，分布式温度计不再需要生产记录，而且还可以连续显示实际流动区域的长度。这些信息有助于确定油井生产效率，同时也为优化生产提供了保障。另一个运用智能水平井开采薄圆柱形油藏的例子是在 Iron Duke 油田的一口井，与常规井在 5 个不同特征区域的生产相比，该井预计要累积超额生产 38% 的原油。

4.6.1 油藏和井筒模型

两个区块的油藏模型均来自同一油田，在近海岸处水深 155ft 的薄圆柱形油藏。其中，区块 A 在油田靠边处，生产过程中大量出水；区块 B 由于存在一个大气顶而在早期大量产气。

3 口油井模型代表了两种截然不同的生产模式。这些井位于油柱中心，并且是裸眼完井。井筒周围局部网格加密，可以更好地模拟水锥和形成水舌的效果。在油藏模拟模型中假定一个垂直/水平渗透率比值(表示水锥问题中的最坏情况)。表 4.2 总结了地层特性。

表 4.2　3 口井对应的地层特征

Well	Oil Column Thickness/ft	Average Permeability/mD	Horizontal Section Length/ft	Keservol Pressure/psi	Porosity/%
A1	79	204	3,843	2,329	21.6
A2	64	191	3,408	2,324	28.9
B1	61	142	1,863	2,400	24

所有油井都在相同的约束条件下生产：

(1)生产汽油比 10000ft^3/bbl；

(2)含水率 95%；

(3)最小井底压力(BHP)限制在 1000lbf/in^2。

由于油井的生产环境不同，各自有不同的目标生产速率，如表 4.3 所示。

表 4.3　最大目标生产速率

Well	Target Liquid Production Rate (stb/d)
A1	2000
A2	3000
B1	1000

与 A1 井不同的是，A2 井存在一个附加问题，在中间层段出现一条高渗透带。图 4.24 和图 4.25 显示了 A1、A2 井在 10 年来的生产状况。相比之下，B1 井在生产 2 年以后 GOR 就达到了零界值，如图 4.26 所示。

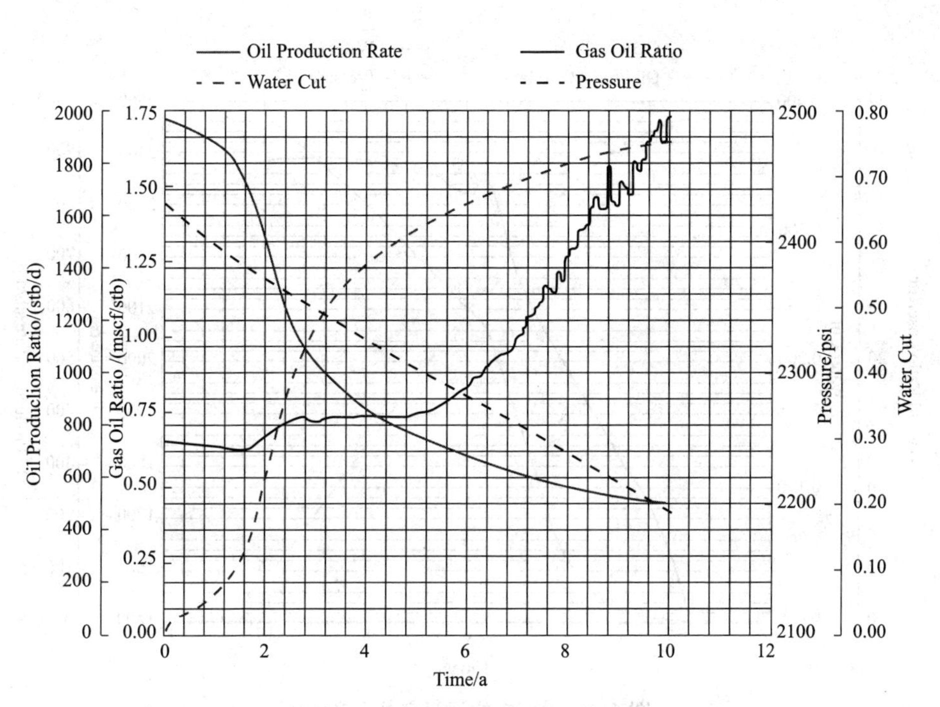

图 4. 24　井 A1 的裸眼完井生产剖面

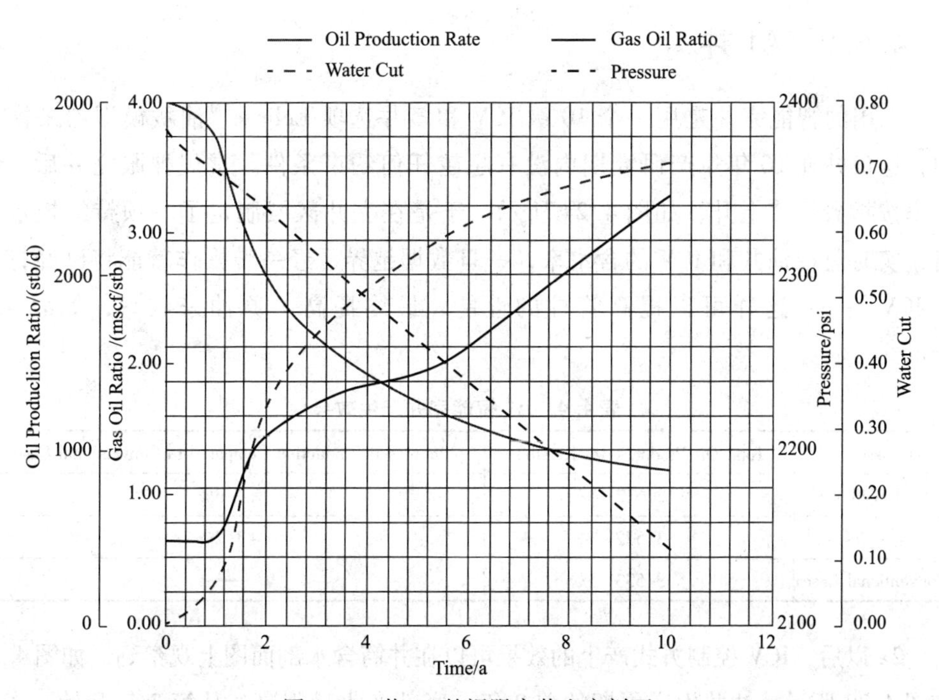

图 4. 25　井 A2 的裸眼完井生产剖面

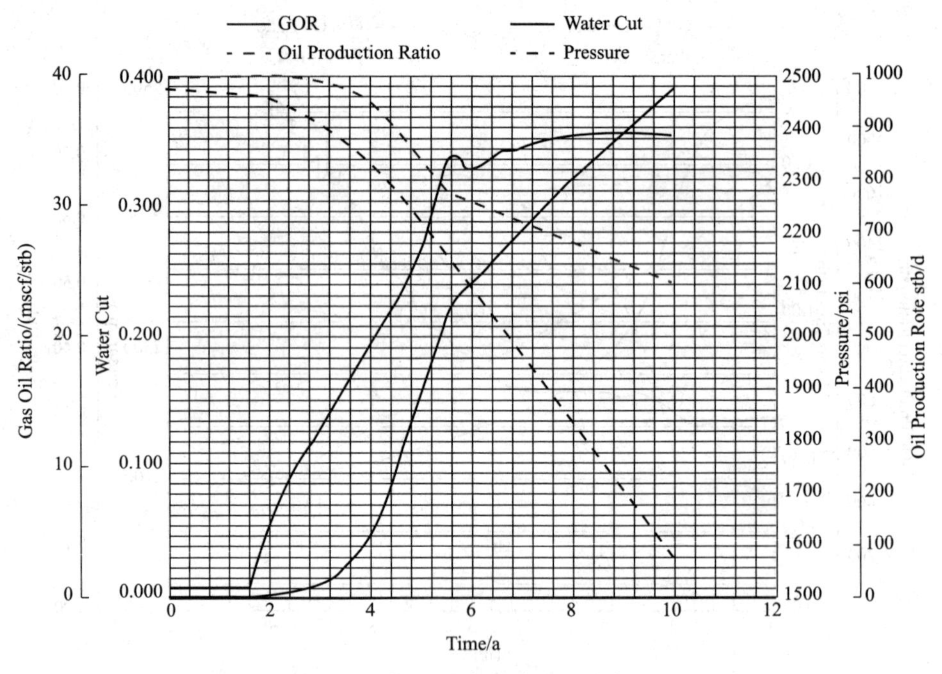

图 4.26　井 B1 的裸眼完井生产剖面

4.6.2　A1 井

采用的智能完井是用一个 10 级 ICV 和多井选项 Eclipse™油藏模拟器来模拟的，这口井在 10 年生产研究期内没有超越任何约束条件。常规裸眼完井后，含水率按指数规律上升，如图 4.24 所示。于是在完井区域制定了一项持续控水策略，实时监控油井和 ICV 的含水率，一旦数据越界，经一步操作就能将已经打开的 ICV 关小。这样可以提高管柱的性能，最终提高了原油采收率，如表 4.4 所示。

表 4.4　A1 智能完井产生效果

Case	Total Oil Production/(10^3 stb)	Increased Production Compared to Conventional Case
I-Well	3,613	+2.3%
Base Case	3,572	+1.2%
Conventional Case	3,533	—

2a 以后，ICV 控制方式产生的效果可以在井筒含水剖面图上观察到，如图 4.27 和图 4.28 所示。油井生产周期的前 2 年，底部产水量很高。从第 3 年开始，由于 ICV 的控制产水量稳定下来。

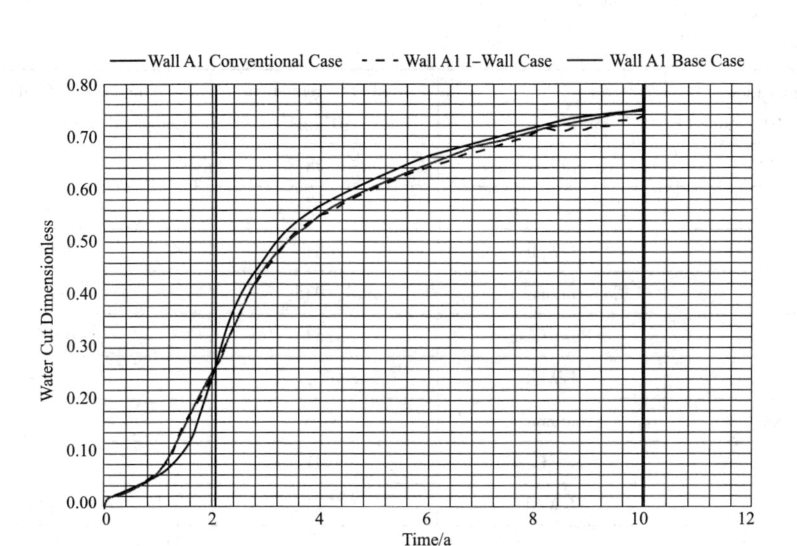

图 4.27　A1 智能完井含水率剖面

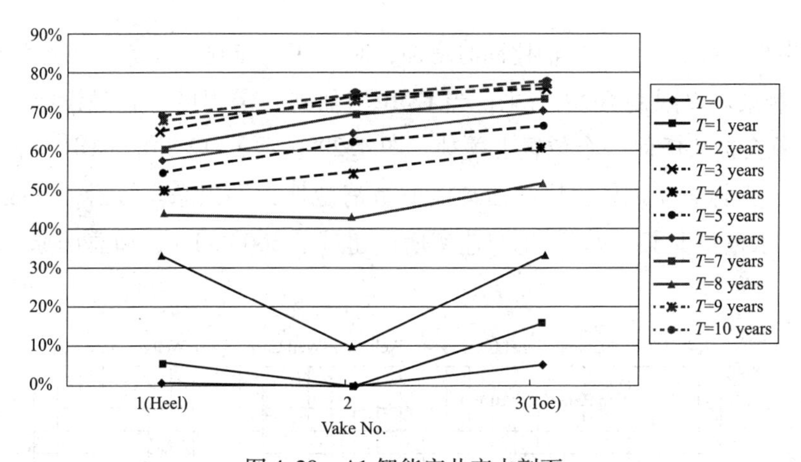

图 4.28　A1 智能完井产水剖面

如果油井以高流速生产，则智能完井也无法再提高原油采收率，如表 4.5 所示。因为在高流速生产过程中，控制产水的同时也降低了油井的流入动态，然后油井生产也受到 BHP 限制。

表 4.5　井 A1 的生产速敏特性

Maximum Liquid Production Rate/(stb/d)	Case	Total Oil Production/(10^3stb)	Increase in Production Compared to Conventional Case
2000	Conventional Case	3533	—
	Base Case	3572	+1.1%
	I-Well	3613	+2.3%

续表

Maximum Liquid Production Rate/(stb/d)	Case	Total Oil Production/ (10^3stb)	Increase in Production Compared to Conventional Case
4000	Conventional Case	4358	—
	Base Case	4555	+4.5%
	I-Well	4484	+2.9%
6000	Conventional Case	4，936	—
	Base Case	5237	+6.1%
	I-Well	4661	-5.6%
9000	Conventional Case	5086	—
	Base Case	5441	+7.0%
	I-Well	4711	-7.4%

4.6.3 A2 井

A2 井的含水率和生产气油比同时增加，对于 ICV 控制来说是一个巨大的挑战。这时的控制策略以限制 GOR 为主，当 GOR 增加到一定程度并超过设定的零界值时，ICV 就会被从任何一个位置上关掉。图 4.29 显示了 A2 井的 GOR 剖面。以产气量的减少为标志，ICV 的控制活动能够被清楚地识别出来。最后，采收率提高 1.9%，产水量减少了 2.9%，生产速率增量超过了 3000bbl/d，而总的原油产量却降低了。

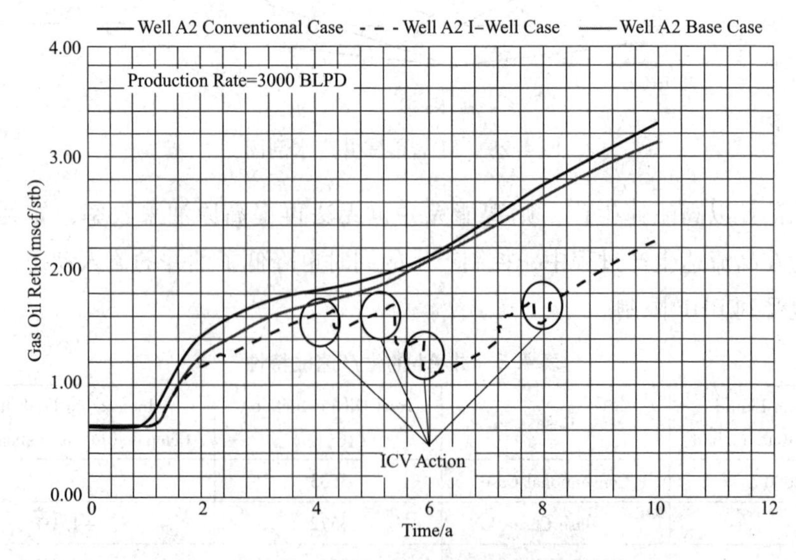

图 4.29　井 A2 ICV 对 GOR 剖面的控制效果

4.6.4 B1 井

B1 井位于气顶之下，很容易见气，两年半以来一直限制着该井的生产。B1 井与前两口井有所不同，前两口井都已经经历了 10 年的研究周期，而 B1 井仅仅使用过 ICV 控制非目的流体。

在运用智能完井有效控气并延长油井生产周期这一方面，B1 井做了非常好的例证。逻辑上的 ICV 控制策略就是用来控制 GOR，因为产水量已经非常低了(两年半以后低于2%)。这口井的生产速率是 1000bbl/d，单从降低 GOR 来考虑，确实不如另外两口井好。集成的 ICV，如图 4.30 所示。控制措施在一定程度上减少了气的产出，将油井生命周期延长了 4 年，总的原油产量(按 8% 贴现后)增加了 69%，如表 4.6 所示。

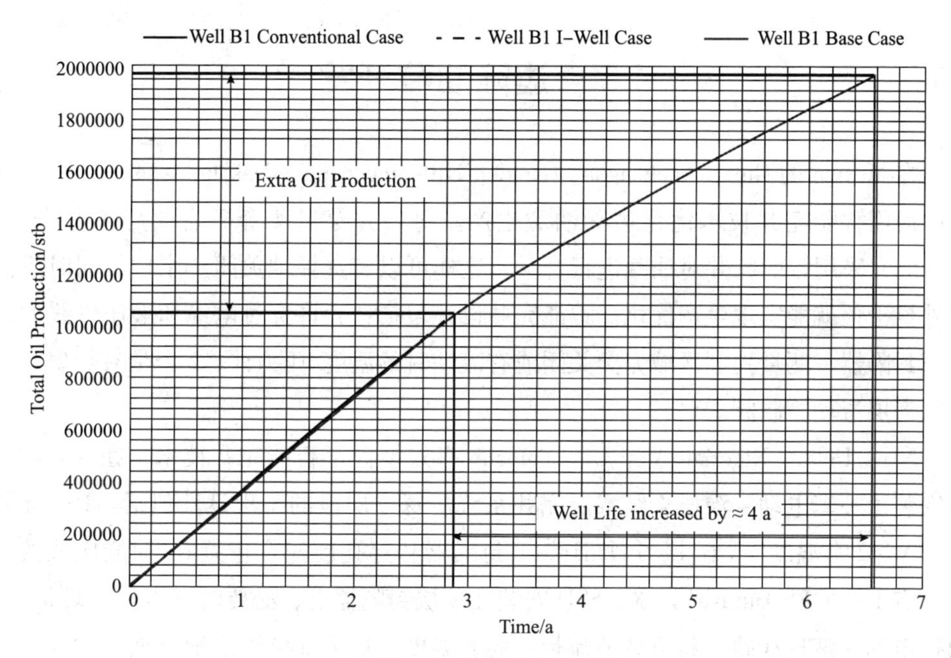

图 4.30 井 B1 总的原油产量

表 4.6 井 B1 贴现后总的原油产量

Cases	Discounted Total Oil Production/(10^6 stb)
I-Well Case	1.585
Base Case	0.940
Conventional Case	0.878
Difference Between I-Well & Base Case	+69%

4.6.5 结论

(1)智能完井为薄圆柱形油藏的管理和单井增产提供了非常有效的工具。

(2)控制非目的流体的产出和延迟非目的流体突破这样的控制策略在薄圆柱形油藏开发过程中具有十分重要的意义。

(3)针对单项生产的控制策略主要是来维持一个沿着水平井眼统一的压降剖面。

(4)当同时有气和水流入井筒时，比较好的ICV控制策略集中于控制气。

(5)联合井筒和ICV的控制可以有效控制非目的流体，同时将流量最大化。

(6)充分利用地质模型和实时数据优化的常规油井设计以及其他钻井信息是构建最佳智能完井必不可少的因素。

(7)气顶和含水层的活跃程度决定了最优井位和智能完井的最高价值。

4.7 边际油藏开发

在Mexico的Gulf，Aconcagua，Camden Hills and King's Peak fields的一个科研项目中运用智能完井技术优化边际油藏生产。每口井穿过4套砂岩储层来生产气，90%的井采用智能完井对油藏进行合采。这样可以有选择地关闭产水层，同时不需要外界干预就能实现生产优化。智能完井设计包括：允许穿过电缆和液压管线的多通道封隔器、测量控制区域完全关闭或有流动时的温度/压力计、2个带有金属密封圈的产层流动控制阀。

Niger Delta，Nigerian Agip Oil Company率先掌握了智能完井技术，在Kwale油田安装了一套电动-液压4级智能完井系统。每一层段的工程设计包括：1个无限级ICV、2套温度/压力计、1个HF-1封隔器和穿孔前完全包裹好电/液压线的短接。有1个HES Durasleeve XD SSD安装在顶层封隔器上，必要时可以代替环形流，通过电动-液压线路，将可调节流量控制和温度、压力非常可靠地反馈到地面。为保证安全，将一个HES SP刚性SCSSV安装在井下。试验取得了技术上的成功，同时也打开了实时油藏管理的大门。

在North Sea，Gulf of Mexico and Niger Delta运用智能完井开发边际油藏的成功案例，有力地证明智能完井技术能够提供从一口井开采多个油藏的最佳解决方案。

参考文献

[1]姚军，刘均荣，张凯．国外智能井技术[M]．北京：石油工业出版社，2011.

[2]王兆会，曲从锋，袁进平．智能完井系统的关键技术分析[J]．石油钻采工艺，2009，5：1－4.

[3]侯培培，段永刚，严小勇．智能完井技术[J]．天然气勘探与开发，2008，31(1)：40－43.

[4]阮臣良，朱和明，冯丽莹．国外智能完井技术介绍[J]．石油机械，2011，39(3)：82－84.

[5]曲从锋，王兆会，袁进平．智能完井的发展现状和趋势[J]．国外油田工程，2010，26(7)：28－31.

[6]余金陵，魏新芳，胜利油田智能完井技术研究新进展[J]．石油钻探技术，2011，39(2)：68－72.

[7]许胜，陈贻累，杨元坤，南金虎．智能井井下仪器研究现状及应用前景[J]．石油仪器，2011，25(1)：46－48.

[8]赵梓森．玻璃丝的神通[M]．北京：清华大学出版社，2002.

[9]周光召．物理学的回顾和展望[J]．北京大学学报：自然科学版(增刊)，2002，1(1)：3.

[10]廖延彪，黎敏．光纤传感器的今日与发展[J]．传感器世界，2004，10(2)：6－12.

[11]张劲松，光通信，陶智勇等．光波分复用技术[M]．北京：北京邮电大学出版社，2002.

[12]廖延彪．光纤光学[M]．北京：清华大学出版社，2000.

[13]杜善义，冷劲松，王殿富等．智能材料系统和结构[M]．北京：科学出版社，2001.

[14]张朋，王宁，陈艳等．光纤传感器的发展与应用[J]．现代物理知识，2009(2)：35－36.

[15]刘君华．传感器技术及应用实例[M]．北京：电子工业出版社，2008.

[16]廖帮全，赵启大，冯德军等．光纤耦合模理论及其在光纤布拉格光栅上的应用[J]．光学学报，2002.22(11)：1340－1344.

[17]付晓松，姚艳华．光纤井下监测技术装备及应用[J]．油气井测试，2010，3(19)：69－70.

[18]姚善化．光纤拉曼散射效应在传感和通信技术中的应用[J]．光电子技术与信息，2003，4：24－27.

[19]王晓林，聂上振，王丽东．井下光纤多相流量计[J]．石油机械，2003，31(3)：54－55.

[20]王兆会，曲从锋．遇油气膨胀封隔器在智能完井系统中的应用[J]．石油机械，2009，37(8)：96－97.

[21]安永生，吴晓东等．智能井优化控制模型在油田开发生产中的应用[J]．石油钻探技术，

2007，35(6)：96－98.
[22]油藏永久监测[J]. 油田新技术，2010. 22.
[23]井下液压调节节流阀[J]. 运行与应用，2004. 4：46.
[24]李红民，高宏伟，刘波等. 一种新型的光纤光栅涡街流量传感器[J]. 传感技术学报，2006，19(4)：1195－1197.
[25]徐涛，周慧刚，孙新成等. 一种新型井下光纤多相流量计[J]. 石油机械，2004，32(1)：52－55.
[26]莫德举，马永成，王波. 光纤式质量流量计的研究[J]. 光电工程，2004，31(9)：49－52.
[27]王波. 光纤涡街流量计的研究[J]. 光纤光缆传输技术，2003(2)：31－34.
[28]王波. 光纤涡街流量计的研制[D]. 北京：北京化工大学，2004.
[29]田新启. 光纤速度式涡轮流量传感器[J]. 自动化仪表，2000，21(3)：14－16.
[30]于清旭，王晓娜，宋世德等. 光纤 FP 腔压力传感器在高温油井下的应用研究[J]. 光电子激光，2007，18(3)：299－302.
[31]刘均荣，姚军，张凯. 智能井技术现状与展望[J]. 油气地质与采收率，2007. 14(6)：107－110.
[32]党文辉，刘颖彪等. 多节点智能完井技术研究与应用[J]. 石油机械，2016，44(3)：12－17.
[33]张成君，李越等. 机械式智能分层注水工艺技术研究与应用[J]. 石油化工高等学校学报，2019，32(4)：99－103.
[34]廖成龙，黄鹏等. 智能完井用井下液控多级流量控制阀研究[J]. 石油机械，2016，44(12)：32－37.
[35]黄志强，罗旭等. 智能井智能优化开采系统软件开发[J]. 石油钻采工艺，2014，36(6)：56－59.
[36]沈泽俊，张卫平等. 智能完井技术与装备的研究和现场试验[J]. 石油机械，2012，40(10)：67－71.
[37]张俊斌，张亮等. 智能完井控制系统的构建及试验[J]. 石油机械，2019(6)：355－358.
[38]张亮，刘景超等. 智能完井系统关键技术研究[J]. 中国造船，2017，58(1)：572－577.
[39]张凤辉，薛德栋等. 智能完井井下液压控制系统关键技术研究[J]. 石油矿场机械，2014，43(11)：7－10.
[40]刘义刚，陈征等. 渤海油田分层注水井电缆永置智能测调关键技术[J]. 石油钻探技术，2019，47(3)：133－139.
[41]廖成龙，张卫平，黄鹏等. 电控智能完井技术研究及现场应用[J]. 石油机械，2017，45(10)：81－85.
[42]杨玲智，于九政，王子建等. 鄂尔多斯超低渗储层智能注水监控技术[J]. 石油钻采工艺，2017，39(6)：757－758.

[43]何祖清，梁承春，彭汉修等．鄂尔多斯盆地南部致密油藏水平井智能分采技术研究与试验[J]．石油钻探技术，2017，45(3)：88－93.

[44]杨万有，王立苹，张凤辉等．海上油田分层注水井电缆永置智能测调新技术[J]．中国海上油气，2015，27(3)：91－95.

[45]武继辉，申茂和．智能无线遥控分注系统的研究与应用[J]．石油天然气学报：江汉石油学院学报，2014，36(8)：159－160.

[46]韦栋，李振彬，魏勇等．远程测调智能分注技术在吐哈油田的应用[J]．新疆石油天然气，2017，13(2)：93－96.

[47]孟祥海，张志熊，刘长龙等．远程无线智能分层注水测调技术的开发与应用[J]．化学工程与装备，2016(10)：113－115.

[48]周学金．智能测控找堵水技术在沈阳油田的应用[J]．内蒙古石油化工，2015(23)：117－118.

[49]张旭，韩新德，林春庆等．有缆智能分注技术在华北油田的应用[J]．石油机械，2019，47(3)：87－92.

[50]程英姿，贺东，汪团员等．一种新型油井智能分层开采与测试技术[J]．钻采工艺，2015，38(3)：46－48.

[51]伍朝东，李胜，汪团元等．井下智能找堵水分层采油技术[J]．石油天然气学报：江汉石油学院学报，2008，30(3)：376－378.

[52]贾庆升．无线智能分层注采技术研究[J]．石油机械，2019，47(7)：99－103.

[53]薛玲．水平井智能分注工艺管柱研制与应用[J]．论文之窗，2018(3)：58－60.

[54]王金龙，张宁生，陈军斌．多层合采智能井实时压力与温度分析模型[J]．大庆石油地质与开发，2015，34(6)：71－76.

[55]王金龙，张宁生，汪跃龙，张冰．智能井系统设计研究[J]．西安石油大学学报：自然科学版，2015，30(1)：83－88.

[56]王金龙，张冰，王瑞，张宁生，汪跃龙．智能井井下流量控制阀研制[A]．2017 国际石油石化技术会议，北京，2017. 3.

[57]王金龙，张宁生，杨波等．国外智能完井层段控制阀技术解析[A]．2013 油气藏监测与管理国际会议暨展会，西安，2013. 9.

[58]张娇，王浩，谢天，王金龙，张宁生．智能完井自动气举理论研究[J]．石油钻采工艺，2017，39(6)：737－743.

[59]王金龙．多层合采智能井流入动态及控制装置研究[D]．北京：中国石油大学，2016：21－37.

[60]王子健，申瑞臣等．基于最优控制理论的智能井动态优化技术[J]．石油学报，2012，33(5)：887－891.

[61]王浩．智能完井生产优化方法研究[D]．西安：西安石油大学，2017：53.

[62]车争安，修海媚，谭才渊等．Smart Well 智能完井技术在蓬莱油田的首次应用[J]．重庆科技学院学报：自然科学版．2017，19(2)：47－50.

[63]Weatherford. Intelligent well system[EB/OL]. [2010－10－20]. http：//www. weatherford. com/weatherford/groups/public/documents/completion/cmp_intelligent well systems. Hcsp，2010.

[64]Zhao yong，Liao yanbiao. Discrimination methods and demodulation techniques for fiber Bragg grating sensors[J]. Optics and Lasers in Engineering，2004. 41：1－19.

[65]Anbo Wang，et a1. Self-calibrated interferometric/intensity—based optical fiber sensors[J]. IEEE Journal of LJ ghtwave Technology，2001，19(10)：1495－1501.

[66]Joel Shaw，Halliburton. Comparison of Downhole Control system Technologies for Intelligent Completions [C]. CSUG/SPE 147547，2011：3.

[67]Marwan Zarea，Saudi Aramco，Ding Zhu. An Integrated Performance Model for Multilateral Wells Equipped with Inflow Control Valves [C]. SPE 142373，2011.

[68]Ricardo Tirado. Hydraulic Intelligent Well Systems in Subsea Application：Options for Dealing with Control Line Penetrations [C]. SPE 124705，2009.

[69]Halliburton. Interval Control [EB/OL]. http：//www. halliburton. com/ps/default. aspx? Navid =1317&pageid=2606&prodgrpid=PRG%3 a%3aK4DII5E8Z，2011.

[70]Halliburton. Intelligent Completions [EB/OL]，http：//www. halliburton. com/ps/default. aspx? navid =825&pageid=2018&prodgrpid=PRGaaK40OJP15，2011.

[71]Halliburton. Down hole Control Systems [EB/OL]，http：//www. halliburton. com/ps/default. aspx? navid=1319&pageid=2608&prodgrpid=PRG%3a%3aK4DII7ESH，2011.

[72]Oswaldo M. Moreira. Installation of the World's First All-Electric Intelligent Completion System in a Deepwater Well [C]. SPE 90472. 2004：8.

[73]Cook G，Beale G. Application of Least Square Parameter Identification with Fixed Length Data Window [J]. IEEE Transaction on Industrial Electronics，1983，30(4)：334－339

[74]Luo W，Billings S A. Adaptive Model Selection and Estimation for Nonlinear Systems Using A Sliding Data Window [J]. Signal Processing，1995，46：179－202

[75]Osman M S，Stewart G. Pressure Data Filtering and Horizontal Well Test Analysis Case Study[C]. SPE 37802. 1997.

[76]Kikani J，He M. Multi-resolution Analysis of Pressure Transient Data Using Wavelet Methods[C]. SPE 48966，1998.

[77]Bernasconi G，Rampa V，Abramo F，et al. Compression of Downhole Data [C]. SPE/IADC 52806，1999.

[78]Ouyang L，Kikani J. Improving Permanent Downhole Gauge(PDG) Data Processing via Wavelet Analysis [C]. SPE 78290，2002.

[79]Olsen S，Nordtvedt J E. Improved Wavelet Filtering and Compression of Production Data[C].

SPE 96800. 2005.

[80]Arashi Ajayi, Michael Konopczynski. A Dynamic Optimisation Technique for Simulation of Muli-Zone Intelligent Well Systems in a Reservoir Development[C]. SPE 83963, 2003.

[81]Halliburton. COMPLETION SOLUTIONS[EB/OL]. H06969_HF_1_Packer. pdf

[82]Halliburton. COMPLETION SOLUTIONS[EB/OL]. H06970_HS_Series_ICV. pdf

[83]Halliburton. COMPLETION SOLUTIONS[EB/OL]. H06975_MC_Packer. pdf

[84]Halliburton. COMPLETION SOLUTIONS[EB/OL]. H06971_HV_Series_ICV. pdf

[85]Halliburton. COMPLETION SOLUTIONS[EB/OL]. H06972_IV_Series_ICV. pdf

[86]Halliburton. COMPLETION SOLUTIONS[EB/OL]. H06974_MC_Series_ICV. pdf

[87]Halliburton. COMPLETION SOLUTIONS[EB/OL]. H06973_LV_ICV. Pdf

[88]Halliburton. COMPLETION SOLUTIONS[EB/OL]. H06981_sFrac_Valve. pdf

[89]Halliburton. COMPLETION SOLUTIONS[EB/OL]. H07286_sSteam Valve. Pdf

[90]Halliburton. COMPLETION SOLUTIONS[EB/OL]. H06961_Accu_Pulse. pdf

[91]Halliburton. COMPLETIONSOLUTIONS[EB/OL]. H06966_Direct_Hydraulics. pdf

[92]Halliburton. COMPLETIONSOLUTIONS[EB/OL]. H06965_Digital_Hydraulics. pdf

[93]Halliburton. COMPLETION SOLUTIONS[EB/OL]. H07558 SmartPlex™ Downhole Control System. pdf

[94]Halliburton. COMPLETION SOLUTIONS[EB/OL]. H06976_SCRAMS. pdf

[95]Halliburton. COMPLETION SOLUTIONS[EB/OL]. ROC Gauges_Customer. pdf

[96]Schlumberger. Completions[EB/OL]. wellwatcher_flux_asia. pdf

[97]Schlumberger. Vx Technology [EB/OL], vx_technology_brochure. pdf

[98]Schlumberger. Oilfield review[EB/OL], intelligent. pdf

[99]Schlumberger. TRFC HB AP AND TRFC HB LP[EB/OL]. trfc_hb_ap_lp_ps. pdf

[100]Schlumberger. DECIDE! -生产数据监测和数据分析软件[EB/OL]. DECIDE_intro. pdf

[101]Baker Hughes. Intelligent Well Systems [EB/OL]. 30577t-Casedhole applications-catalog-1110. pdf-Inforce System Overview: 66

[102]Guy P. Vachon. Method And System For Controlling A Downhole Flow Control Device; US, 0187091 A1[P]. 2007.

[103]Baker Hughes. Flow Control Systems [EB/OL]. 30573 – flowcontrol-catalog-1210. pdf-Model HCM Hydraulic Sliding Sleeve: 58.

[104]Baker Hughes. Intelligent Well Systems [EB/OL]. 30577t-Casedhole applications-catalog-1110. pdf-Incharge System Overview: 69.

[105]Oswaldo M. Moreira. Installation of the World's First All-Electric Intelligent Completion System in a Deepwater Well[C]. SPE 90472, 2004: 8.

[106]Baker Hughes. Flow Control Systems [EB/OL]. 30573-flowcontrol-catalog-1210. pdf-Incharge In-

telligent Production Regulator(IPR): 59.

[107]LeoE. Hill Jr, Gene Ratterman, Mike Lorenz, etc. The Integration of Intelligent Well Systems into sand control completions for selective reservoir flow control in Brazil's Deepwater[C]. SPE 78271. 2002: 3.

[108]Kevin Jones, Baker Oil Tools. Baker installs all-electronic intelligent well system [D]. DRILLING CONTRACTOR, 2002. 03/04: 34 - 35.

[109]Stephen Rester, Jacob Thomas, Madeleine Peijs-van Hilten and William L. Vidrine. Optimizing Reservoir Management In Gulf of Mexico Deep Water [J]. JPT, October 1999: 26 - 27.

[110]Mohammed A Abduldayem, Muhammad Shafiq, etc. Intelligent Completions Technology Offers Solutions to Optimize Production and Improve Recovery in Quad-Lateral Wells in a Mature Field[C]. SPE 110960, 2007.

[111]Michael Konopczynski, Arashi Ajayi, etc. Intelligent Well Completion: Status and Opportunities for Developing Marginal Reserves[C]. SPE 85676. 2003.

[112]Changhong Gao, T. Rajeswaran, Edson Nakagawa. A Literature Review on Smart well Technology [C]. SPE 106011, 2007.

[113]J. Rawding, M. R. Konopczynski etc. Application of intelligent well completion for controlled dumpflood [J]. World Oil, 2008.

[114]A. S. Al-Dossary, S. P. Salamy, etc. First Installation of Hydraulic Flow Control System(Smart Completion) in Saudi Aramco[C]. SPE 93183, 2005.

[115]S. P. Salamy, H. K. Al-Mubarak, etc. Maximum-Reservoir-Contact-Wells Performance Update: Shaybah Field, Saudi Arabia[C]. SPE 105141, 2008.

[116]Ibrahim H. Al-Arnaout, Rashad M. Al-Zahrani, etc. Smart Wells Experiences and Best Practices at Haradh Increment-Ⅲ, Ghawar Field[C]. SPE105618, 2007.

[117]Ibrahim H. Al-Arnaout, Saad M. Al-Driweesh, etc. Intelligent Wells to Intelligent Fields: Remotely Operated Smart Well Completions in Haradh-Ⅲ[C]. SPE 112226, 2008.

[118]S. M. Mubarak, T. R. Pham, etc. Case Study: The Use of Downhole ControlValves To Sustain Oil Production From theFirst Maximum Reservoir Contact, Multilateral, and Smart Completion Wellin Ghawar Field [C]. SPE 120744, 2008.

[119]Kim Sam Youl, Harkomoyo, etc. Indonesian Operator's First Field-Wide Application of Intelligent-WellTechnology—A Case History [C]. OTC 21063, 2010.

[120]Fajhan H. Almutairi, Kuwait Institute, etc. Enhancing Production From Thin Oil Column Reservoirs Using Intelligent Completions[C]. SPE 110207, 2007.

[121]Paulo Tubel and Roger P. Herbert. Intelligent System for Monitoring and Control of Downhole Oil Water Separation Applications[C]. SPE 49186, 1998.

[122]Daniel R. Turner, Philip F. Head, ect. The All ElectricBHA: Recent Developments toward an In-

telligent Coiled-Tubing Drilling System[C]. SPE. 54469, 1999.

[123]V. B. Jackson, Halliburton Energy Services, ect. Case Study: First Intelligent Completion System Installed in the Gulf of Mexico[C]. SPE. 68218, 2001.

[124]D. R. Brouwer, ect. Recovery Increase through Water Flooding with Smart Well Technology [C]. SPE 68979, 2001.

[125]V. Tourillon, E. R. Randall. An Integrated Electric Flow-control System Installed in the F - 22WytchFarmWell[C]. SPE 71531, 2001.

[126]Michael Tolan. The Use of Fiber-Optic Distributed Temperature Sensing and Remote Hydraulically-Operated Interval Control Valves for the Management of Water Production in theDouglas Field[C]. SPE. 71676, 2001.

[127]Navid Akram, Steve Hicking, ect. Intelligent Well Technology in Mature Assets[C]. SPE 71822, 2001.

[128]V. B. Jackson, T. R. Tips. Case Study: First Intelligent Completion System Installed in the Gulf of Mexico[C]. SPE 71861, 2001.

[129]W. R. Moore, M. R. Konopczynski, ect. Implementation of Intelligent Well Completions Within a Sand Control Environment[C]. SPE. 77202, 2002.

[130] M. R. Konopczynski, W. R. Moor, ect. ESPs and Intelligent Completions [C]. SPE. 77656, 2002.

[131]Leo E. Hill, Renaldo Izetti, ect. The Integration of Intelligent Well Systems into Sandface Completions for ReservoirInflow Control in Deepwater[C]. SPE 77945, 2002.

[132]D. R. Brouwer, J. D. Jansen, ect. Dynamic Optimization of Water Flooding with Smart Wells Using Optimal Control Theory[C]. SPE 78278, 2002.

[133]Burak Yeten, Louis J. Durlofsky, ect. Optimization of Smart WellControl[C]. SPE 79031, 2002.

[134]T. Redlinger, J. Constantine, ect. Multilateral Technology coupled with an Intelligent Completion System ProvidesIncreased Recovery in a Mature Field at BP Wytch Farm, UK [C]. SPE 79887, 2002.

[135]Mike Robinson. Intelligent Well Completions [C]. SPE. 80993, 2003.

[136]Shaikhan Mohammed. Development OmanSmart Well Technologies Implementation in PDO for Production & ReservoirManagement & Control[C]. SPE 81486, 2003.

[137]V. B. Jackson Nielsen, T. R. Tips. WellDynamics Inc. Case Study: First Intelligent Completion-System Installed in the Gulf of Mexico[C]. SPE 81928, 2003.

[138]Brian K. Drakeley, Neil I. Douglas, ect. Application of Reliability Analysis Techniques to Intelligent Wells[C]. SPE 83639, 2003.

[139]Eliana Arenas, Norbert Dolle. Exploration and Production Smart Waterflooding Tight Fractured Reservoirs Using Inflow Control Valves[C]. SPE. 84193, 2003.

[140]Derek Mathieson, John Rogers, ect. Reliability assurance, managing the growth of Intelligent Completion technology[C]. SPE 84327, 2003.

[141]Pascal Rump, Ronjoy Bairagi, ect. Multilateral/Intelligent Wells Improve Development of Heavy Oil Field-A Case History[C]. SPE 87207, 2004.

[142]Travis W. Cavender. Summary of Sand Control and Well Completion Strategies Used with Multilateral Applications[C]. SPE 87966, 2004.

[143]Terry Bussear, Mark Barrilleaux, ect. Design and Qualification of a Remotely-Operated, Downhole Flow Control System for High-Rate Water Injection in Deepwater[C]. SPE 88563, 2004.

[144]C. D. Stair, M. E. P. Dawson, ect. Na Kika Intelligent WellsDesign and Construction[C]. SPE 90215, 2004.

[145]Jesse Constantine. Installation and Application of an Intelligent Completion in the EA Field, Offshore Nigeria[C]. SPE 90397, 2004.

[146]Alan McLauchlan, Victoria Jackson Nielsen. Intelligent Completions: Lessons Learned From 7 Years of Installation and Operational Experience[C]. SPE 90566, 2004.

[147]Michael Konopczynski. Design of Intelligent Well Downhole Valves for Adjustable Flow Contro[C]. SPE 90664, 2004.

[148]S. M. Elmsallati, D. R. Davies, ect. A Case Study of Value Generation with Intelligent Well Technology in a HighProductivity, Thin Oil Rim Reservoir[C]. SPE 94995, 2004.

[149]Ibrahim H. Al-Arnaout, Saad M. Al-Driweesh, ect. Intelligent Wells to Intelligent Fields: Remotely Operated Smart Well Completions in Haradh-Ⅲ[C]. SPE 112226, 2008.

[150]Stuart Johnstone, Gavin Duncan, ect. Implementing Intelligent-Well Completion in a Brownfield Development[C]. SPE 77657, 2005.

[151]T. S. Ramakrishnan. On Reservoir Fluid-Flow Control With SmartCompletions[C]. SPE 84219, 2007.

[152]S. Mochizuki, L. A. Saputelli, ect. Real-Time Optimization: Classification and Assessment[C]. SPE 90213, 2006.

[153]M. M. J. J. Naus. Optimization of Commingled ProductionUsing Infinitely Variable Inflow Control Valves[C]. SPE 90959, 2006.

[154]K. Yoshioka, D. Zhu, ect. Interpretation of Temperature and Pressure Profiles Measured in Multilateral Wells Equipped with Intelligent Completions[C]. SPE 94097, 2006.

[155]O. M. Moreira, A. Stacey, ect. Integrating Intelligent-Well Systems Into Sandface Completions for Reservoir Control inBrazilian Subsea Well[C]. SPE 97215, 2005.

[156]W. S. Going, B. L. Thigpen, ect. Intelligent-Well Technology: Are We Ready for Closed-Loop Control? [C]. SPE 99834, 2006.

[157]J. Brnak, B. Petrich, ect. Application of SmartWell Technology to the SACROC CO2 EOR Pro-

ject: A Case Study[C]. SPE 100117, 2006.

[158]G. Zangl, M. Giovannoli, ect. Application of Artificial Intelligence in Gas Storage Management [C]. SPE 100133, 2006.

[159]V. Ogoke, C. Aihevba, ect. Cost-Effective Life-Cycle Profile Control Completion System for Horizontal and Multilateral Wells[C]. SPE 102077, 2006.

[160]G. Vachon, P. Vega, ect. Closing the Well-Centric Production Optimization Loop Using Intelligent Completions[C]. SPE 102346, 2006.

[161]M. Rivenbark, K. Abouelnaaj, ect. Solid Expandable Tubulars Facilitate Intelligent-Well Technology Application in Existing Multilateral Wells[C]. SPE 102934, 2006.

[162]D. Mathieson, C. Giuliani, ect. Intelligent Well Automation—Design and Practice[C]. SPE 103082, 2006.

[163]K. R. Goodman, M. J. Bertoja, R. J. Staats. Intelligent Electronic Firing Heads: Advancements in Efficiency, Flexibility, and Safety[C]. SPE 103085, 2006.

[164]Qin Hu, Qingyou Liu. Intelligent Drilling: A Prospective Technology of Tomorrow[C]. SPE 103781, 2006.

[165]Michael Konopczynski, Mike Tolan. Intelligent-Well Technology Used for Oil Reservoir Inflow Control and Auto-Gaslift, Offshore India[C]. SPE 105706, 2007.

[166]S. J. C. H. M. van Gisbergen, A. A. H. Vandeweijer. Reliability Analysis of Permanent Downhole Monitoring Systems[C]. SPE 57057, 2001.

[167]Fridtjof Nyhavn, Frode Vassenden, ect. Reservoir Drainage with Downhole Permanent Monitoring and Control Systems. Real-Time Integration of Dynamic Reservoir Performance Data and Static Reservoir Model Improves Control Decisions[C]. SPE 62937, 2000.

[168]H. Gai. Downhole Flow Control Optimization in the Worlds 1st Extended Reach Multilateral Well at Wytch Farm[C]. SPE 67728, 2001.

[169]Javier Ballinas. Evaluation and Control of Drilling, Completion and Workover Events with Permanent Downhole Monitoring: Applications to Maximize Production and Optimize Reservoir Management[C]. SPE 74395, 2002.

[170]George A. Brown, Arthur Hartog. Optical Fiber Sensors inUpstream Oil & Gas[C]. SPE 79080, 2002.

[171]Maurice Boyle, Jeremy Earl, ect. The Use Of Surface Controlled Hydraulic Interval Control Valves For The Management Of Water Production In The Saih Rawl Field, Sultanate Of Oman[C]. SPE 81493, 2003.

[172]Mike Gilmer, Brent Emerson. World's First Completion Set Inside Expandable Screen[C]. SPE 87201, 2004.

[173]F. Louden, E. Mathiassen. Development of a Hydraulically Expanded Metal Internal Casing Patch

[C]. SPE 94056, 2005.

[174] D. R. Davies, R. Narayanasamy. Analysis of Possible Applications of Dual ESPs—A Reservoir-Engineering Perspective[C]. SPE 99878, 2006.

[175] B. P. Champion. Ormen Lange: Delivering Production Optimisation and an Improved Reservoir Understanding Using a New Cableless Sandface Monitoring System[C]. SPE 145581, 2011.

[176] Joel Shaw. Benefits and Application of a Surface-Controlled Sliding Sleeve for Fracturing Operations [C]. SPE 147546, 2011.

[177] Peter E. Smith. The Bulkhead Principle-Delaying Water Cut and Improving Horizontal Well Productivity through Compartmentalization Using Short Swellable Packers[C]. SPE 147877, 2011.

[178] Khalid Al-Mohanna, Khaled Kilany, Mark K. Rooks, Riza Iskandar. Pioneer Application of a Hydraulic Line Wet Mate Connect System inCombination with a Pod ESP in a Dual Lateral Intelligent Completion Well[C]. SPE 149057, 2011.

[179] Jameel Rahman. Second-Generation Interval Control Valve (ICV) Improves Operational Efficiency and Inflow Performance in Intelligent Completions[C]. SPE 150850, 2012.

[180] Nampetch Yamali. Optimum Control of Unwanted Water Production in Stratified Gas Reservoirs [C]. SPE 106640, 2007.

[181] Michael Konopczynski. Control of Multiple Zone Intelligent Well To Meet Production-Optimization Requirements[C]. SPE 106879, 2007.

[182] M. Zakharov. Permanent Real-Time Downhole Flow-Rate Measurements in Multilateral Wells Improve Reservoir Monitoring and Control[C]. SPE 107119, 2007.

[183] G. H. Aggrey and D. R. Davies. Tracking the State and Diagnosing Downhole Permanent Sensors in Intelligent-Well Completions With Artificial Neural Network[C]. SPE 107198, 2007.

[184] Allan Wilson, Robbie Allam, Ken Horne. Driving Completion Technology in Subsea, Multilateral Well With Sand Control and Downhole Flow Control[C]. SPE 107814, 2007.

[185] Arashi Ajayi. Defining and Implementing Functional Requirements of an Intelligent-Well Completion System[C]. SPE 107829, 2007.

[186] Chris Way. Cliff Head Intelligent Completion With Coiled Tubing Deployed ESP—Increased Production, Reduced Life-cycle Cost[C]. SPE 108381, 2007.

[187] Ashraf Keshka, Abdalla Elbarbay, and Cherif Menasria. Practical Uses of Swellable Packer Technology To Reduce Water Cut: Case Studies From the Middle East and Other Areas[C]. SPE 108613, 2007.

[188] F. T. Al-Khelaiwi. Inflow Control Devices: Application and Value Quantification of a Developing Technology[C]. SPE 108700, 2007.

[189] Arashi Ajayi. Theory and Application of Probabilistic Method of Designing Customized Interval Control Valves Choke Trim for Multizone Intelligent Well Systems[C]. SPE 110600, 2007.

[190]Arashi Ajayi. Network Approach for Optimization and Control of Intelligent Well Systems: Theory and Practice[C]. SPE 110641, 2007.

[191]V. B. Jackson Nielsen and T. R. Tips. Walking the Line: Finding Balance Between Commodity and Custom Intelligent Completion Systems[C]. SPE 111484, 2008.

[192]C. Kruger. Optimized Well Performance With Electric Line Interventions[C]. SPE 111818, 2008.

[193]S. J. Sawaryn. New Drilling and Completions Applications for a New Era[C]. SPE 112094, 2008.

[194]Tofig A. Al-Dhubaib. Saudi Aramco Intelligent Field Development Approach: Building the Surveillance Layer[C]. SPE 112106, 2008.

[195]Earl Coludrovich, Shawn Pace, Sam Brady, Chevron; and Craig Campo. Intelligent Well Completions System Integration Test Mitigates Risk[C]. IADC/SPE 112116, 2008.

[196]Mark F. Barrilleaux, Thomas A. Boyd. Downhole Flow Control for High Rate Water Injection Applications[C]. SPE 112143, 2008.

[197]Ignacio Gorgone. Remote Intelligence—The Future of Drilling is Here[C]. SPE 112231, 2008.

[198]J. Rawding. Application of Intelligent Well Completion for Controlled Dumpflood in West Kuwait [C]. SPE 112243, 2008.

[199]Robert F. Mitchell. Analysis of Control Lines Strapped to Tubing[C]. SPE 112624, 2010.

[200]David C. Haeberle. Application of Flow-Control Devices for Water Injection in the Erha Field[C]. IADC/SPE 112726, 2008.

[201]Rustom Mody. Enabling Our Enabling Technologies: What will it take, and what is at Stake? [C]. SPE 113442, 2008.

[202]Roar Nyb, Knut S. Bj rkevoll, Rolv Rommetveit. Improved and Robust Drilling Simulators Using Past Real-Time Measurements and Artificial Intelligence[C]. SPE 113776, 2008.

[203]K. M. Muradov and D. R. Davies. Prediction of Temperature Distribution in Intelligent Wells[C]. SPE 114772, 2008.

[204]Kai Sun, Craig Coull, Jesse Constantine. A Practice of Applying Downhole Real Time Gauge Data and Control-Valve Settings to Estimate Split Flow Rate for an Intelligent Injection Well System[C]. SPE 115135, 2008.

[205]V. M. Birchenko, F. T. Al-Khelaiwi. Advanced Wells: How to Make a Choice between Passive and Active Inflow-Control Completions[C]. SPE 115742, 2008.

[206]Saeed M. Al Mubarak, Ahmed H. Sunbul, Drew Hembling. Improved Performance of Downhole Active Inflow Control Valves through Enhanced Design: Case Study[C]. SPE 117634, 2008.

[207]Nevio Moroni. Intelligent and Interventionless Zonal Isolation for Well Integrity in Italy[C]. SPE 119869, 2009.

[208]Muhammad Shafiq. First High Pressure and High Temperature Digital Electric Intellitite Welded Permanent Down Hole Monitoring System for Gas Wells[C]. SPE 120817, 2008.

[209] Arashi Ajayi. Surface Control System Design for Remote Wireless Operations of Intelligent Well Completion System: Case Study[C]. SPE 121710, 2009.

[210] F. T. Al-Khelaiwi. Advanced Well Flow Control Technologies can Improve Well Cleanup[C]. SPE 122267, 2009.

[211] Yang Qing and D. R. Davies. A Generalized Predictive Control for Management of an Intelligent Well's Downhole, Interval Control Valves—Design and Practical Implementation[C]. SPE 123682, 2009.

[212] Eric Beyer. The Systematic Application of Root-Cause Analysis to Failures of Intelligent-Well Completions[C]. SPE 124336, 2009.

[213] Zhuoyi Li. Understanding the Roles of Inflow-Control Devices in Optimizing Horizontal-Well Performance[C]. SPE 124677, 2011.

[214] A. S. Cullick, Tor Sukkestad. Smart Operations With Intelligent Well Systems[C]. SPE 126246, 2010.

[215] A. N. Martin. Hydraulic Fracturing Makes the Difference: New Life for Old Fields[C]. SPE 127743, 2010.

[216] Elmer R. Peterson, Martin P. Coronado. Well Completion Applications for the Latest-Generation Low-Viscosity Sensitive Passive Inflow Control Device[C]. IADC/SPE 128481, 2010.

[217] Brock Williams and Mark Barrilleaux. Downhole Flow Control for High Rate Water Injection Applications[C]. SPE 128653, 2010.

[218] A. N. Marana. An Intelligent System to Detect Drilling Problems Through Drilled Cuttings Return Analysis[C]. IADC/SPE 128916, 2010.

[219] Anil Pande. Digital Oilfield Workflows for Increased Automation[C]. SPE 129042, 2010.

[220] R. Madhavan. Experimental Investigation of Caustic Steam Injection for Heavy Oils[C]. SPE 129086, 2010.

[221] Knut Steinar Bj rkevoll, Svein Hovland. Successful Use of Real Time Dynamic Flow Modelling to Control a Very Challenging Managed Pressure Drilling Operation in the North Sea[C]. SPE/IADC 130311, 2010.

[222] Kai Sun. Applying Multi-Node Intelligent Well Technology for "Active" Control of Inflow Profile in Horizontal/Inclined Wells[C]. SPE 130490, 2010.

[223] Zhuoyi Li. Optimization of Production Performance With ICVs by Using Temperature-Data Feedback in Horizontal Wells[C]. SPE135156, 2011.

[224] Abdullah M. Qahtani. Flow Simulation in Inflow Control Valves Using Lattice Boltzmann Modeling [C]. SPE 136935, 2010.

[225] Drew Hembling, Garo Berberian. Production Optimization of Multi-Lateral Wells Using Passive Inflow Control Devices[C]. SPE 136945, 2010.

[226]Talavera, Alvaro Lopez. Controlling Oil Production in Smart Wells by MPC Strategy with Reinforcement Learning[C]. SPE 139299, 2010.

[227]G. Kaasa. Intelligent Estimation of Downhole Pressure Using a Simple Hydraulic Model[C]. IADC/SPE 143097, 2011.

[228]E. Saeverhagen, K. Thompson, J. Dagestad, M. Tardio. Knowledge Transfer and Introduction of a Remote Operations Model Developed over a Decade-From the North Sea to Brazil[C]. SPE 143749, 2011.

[229]Fred Aminzadeh, Karam Al Yateem, and Leonardo Puecher. Sensors and the Way Forward for Sensing Efficiently and Effectively[C]. SPE 143869, 2011.

[230]M. Byrne. Modelling the Near Wellbore and Formation Damage-A Comprehensive Review of Current and Future Options[C]. SPE 144096, 2011.

[231]Elias bin Abllah. Application of Inflow Control Valve (ICV) in the Water Injector Well: Case Study on Alpha Field[C]. SPE 144406, 2011.

[232]Anil Pande, Mark Morrison, Richard Bristow. Oilfield Automation Using Intelligent Well Technology[C]. SPE 135657, 2010.

[233]Zhuoyl U, Ding Zhu. Optimization of Production Performance With ICV by Using Temperature Data Feedback in Horizonta Wells[C]. SPE 135156, 2011.

[234]Saeed Mubarak, Naseem Dawood, Salam Salamy. Lessons Learned from 100 Intelligent Wells Equipped with Multiple Downhole Valves[C]. SPE 126089, 2009.

[235]Zhuoyl U, Preston Fernandes, D. Zhu. Understanding the Roles of Inflow-Control Devices in Optimizing Horizontal-Well Performance[C]. SPE 124677, 2011.

[236]Jinlong Wang, Ningsheng Zhang, Junbin Chen, Yingru Wang. Data Analysis of the Real-time Pressure and Temperature along the wellbore in Intelligent Well Lei 632 with Commingling Production in LH Oilfield[J]. Journal of Petroleum Science and Engineering, 138(2016): 18-30.

[237]Jinlong Wang, Ningsheng Zhang, Yuelong Wang, Bing Zhang, Yingru Wang. Development of a downhole incharge inflow control valve in intelligent wells[J]. Journal of Natural Gas Science and Engineering, 29(2016): 559-569.

[238]Zhang Bing, Jiyou Xiong, Ningsheng Zhang, Jinlong Wang. Improved method of processing downhole pressure data on smart wells[J]. Journal of Natural Gas Science and Engineering, 34(2016): 1115-1126.

[239]Bing Zhang, Jinlong Wang, Ningsheng Zhang, 2018. New Method of Rate History Calculation Based on PDG Pressure Data of Intelligent Well. IPPTC-20181978, 2018 International Petroleum and Petrochemical Technology Conference (IPPTC) in Beijing, China, 27-29 March, 2018.

[240]Ван Цзиньлон, Чжан Ниншенг, Золотухин Анатолий Борисович, Оптимизация работы высокотехнологичных скважин. Neftegaz. RU, 2018(6): 38-45.

[241]A. A. Khrulenko, A. B. Zolotukhin. A Case Study of Smart Well Deployment for Arctic Offshore Subsea Field Development[C]. SPE 138072, 2010.

[242]Alexey Khrulenko, Anatoly B. Zolotukhin. Approach for Full Field Scale Smart Well Modeling and Optimization[C]. SPE 149926, 2011.

[243] Xu Dekui, Zhong Fuwei, etc. Smart Well Technology in Daqing Oil Field [C]. SPE 161891, 2012.

[244]Chenglong Liao, Weiping Zhang, Peng Huang, etc. The Study and Application of a Electric Intelligent Well Completion System with Electrically Driven Inflow Control Device and Long-Term Monitoring[C]. SPE 186271, 2017

[245]S. Jacob, I. J. Bellaci, P. Nazarenko, P. Joseph. Designing, Planning and Installation of an 8-Zone All-Electric Intelligent Completion System in an Extreme Reservoir Contact Well[C]. SPE 176811, 2015.